1. イルカ追い込み漁の町・太地

〈口絵 1〉 夜明けとともに捕獲作業が始まる畠尻湾。1996 年 12 月撮影

〈口絵 2：左、口絵 3：右〉 鉄管（口絵 3）の手前側を水中に入れ、奥側が操縦席脇に来るように取りつける

〈口絵 4〉 本日の獲物はマゴンドウとハンドウイルカの混群だ。期待が高まる。1996 年 12 月撮影

〈口絵 5〉 シャチの追い込み。この群れの中の 1 頭が、名古屋港水族館初のシャチ“クー”。この漁が最後で、以後捕獲禁止となっている。1997 年 2 月撮影(撮影・提供/土山邦夫)

〈口絵 6〉 畠尻湾に追い込まれたハンドウイルカ。岸と網の中間近くに集まる。1996 年 12 月撮影

〈口絵7〉ハナゴンドウの解剖（小型捕鯨）。漁師による解剖と調査員の作業が同時進行する　手鉤《てかぎ》で引っ張りながら皮を剥ぐ、肉を切り出すといった作業が進む。2000年6月撮影

〈口絵9〉太地で祭りといえば、樽神輿を担ぐ宵宮祭。1998年10月撮影

〈口絵8〉鯨供養祭。毎年4月末に梶取崎公園で行われる。左奥にある“くじら供養碑”の前に祭壇を設け読経。町長挨拶などが行われる

2. クジラ、イルカ、ゴンドウ

〈口絵 10〉オキゴンドウ。船団の隙を狙って逃げ出そうとする追い込みづらい種類だ（撮影・提供／高縄奈々）

〈口絵 11〉大きな歯がのぞくオキゴンドウ。時に本マグロにも食らいつくので漁師の嫌われ者

〈口絵 12〉マダライルカ。口の周りのマダラが成熟すると全身に広がる（撮影・提供／澤修作）

〈口絵 14〉太地沖を漂流していたザトウクジラの死体。体内で発酵したガスで腹部が膨張している。2007 年 12 月撮影（提供／太地町漁業協同組合）

〈口絵 13〉ダイナミックなジャンプをするシャチ。くじらの博物館での飼育歴 24 年を経て、2010 年 6 月、名古屋港水族館へ移籍

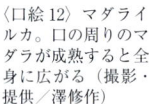

イルカを食べちゃダメですか？

科学者の追い込み漁体験記

関口雄祐

光文社新書

目次

口絵デザイン／スタジオ・キキ
図表作成／デマンド
写真／特記以外は著者の撮影・所蔵

1章　イルカ追い込み漁(1)　沖でのこと

出航まで

朝5時。手早く身支度を整え、家を出る。暖かい南紀とはいえ晩秋の早朝、しかも湿気の多い海風は体に滲《し》みるので完全防寒だ。スキー場装備といえばわかりやすいだろうか。スキーウエアは、防寒性と防水性が高いので、寒い海で飛沫《しぶき》をかぶったとしても、いくぶん快適に過ごすことができる。スキーウエアの上下に軍手、足元は2枚重ねの靴下に長靴、そしてサングラスというういでたちになる。

「帽子持ってくるのを忘れるなよ」と忠告されていた。船上で浴びる直射日光はキツイので、ほとんどの漁師は日除け用に帽子をかぶっている。私はどうも帽子に馴染めないので、タオルを頭に巻く。首の後ろが焼けないように、頭に巻いた残りの布が首に垂れるように工夫する。この巻き方も、漁師に教えてもらった方法だ。

帽子が体の一部になっているのだろう、陸にいる時でもかぶりっ放しの人も多い。スクーターに乗る時は、帽子の上からヘルメットを着けている。そうすると、こちらもその姿で覚えているので、たまたま帽子のない姿で出会ったりすると、一瞬、だれなのかわからないことさえある。

ここ和歌山県太地《たいじ》町は、人口三千数百人の小さな町だ。これがどれほどの規模かというと、山手線1編成で町民全員が運べる程度。(1) 町の小ささを反映して、全長20メートル弱の小型漁船十数隻、二十数名で細々と行われているイルカ追い込み漁(2)であるが、その存在感は大きい。追い込み漁が、太地漁協の水揚げの約3割を占めているからだ。

私の宿のすぐ目の前は、太地湾奥部の船溜《ふなだまり》(小型船舶の係留所)、水の浦(3)と呼ばれる一角。60隻ほどの小型漁船の影がまだ暗い水面に浮かび、時折揺れる。ビデオカメラと朝昼2食分の食料を入れたビニール袋を手に、急ぎ足で集合場所へ向かう。そこではすでに数名のおいちゃんたちが集まり、焚《た》き火のまわりで世間話などしている。

私は焚き火を囲む輪に近づき「おはぉ〜っす」と声をかける。「オゥ」と返事をくれる人、表情で合図してくれる人、毎日のように「早く帰れ！」と憎まれ口の人。皆、イルカ追い込み漁（組織名：太地いさな組合）歴戦の漁師であり、これから私が同行させてもらう漁船の船長と乗組員たちである。

私がこの追い込み漁に乗り始めた1990年代半ばは、その後の世代交代が始まる直前で、追い込み漁師の多くが50～60歳代だった。彼らは、この追い込み漁を立ち上げた先駆者であったり、数多くの南氷洋捕鯨の体験者であったり、まさに人生を鯨とともに生きてきた人たちばかりで、だれもが荒々しさを備えた猛者《もさ》であり、人生の先達という風格を漂わせていた。

(1)山手線1編成の定員は約1750人。ピーク時混雑率は200％程度になるので、約3500人が乗れることになる。町民数は3506人（2005年国勢調査）。

(2)「イルカ追い込み漁」とは、県知事許可漁業である「いるか漁業」のひとつで、漁業としての許可名は鯨類追込網漁。静岡県と和歌山県が許可を出している。静岡県の追い込み漁は不定期なため、和歌山県許可による太地いさな組合が行うイルカ追い込み漁が、漁期を通じて操業されている、全国唯一のものだ。

(3)外部から太地湾へ船で入ろうとすると、現在は、太地湾の奥に太地港、さらにその奥に水の浦がある変則的な形になるが、これは水の浦の奥が昭和30年代に埋め立てられたためで、それ以前は太地湾（太地浦）から水の浦湾を通ってさらに外海へとつながっていた。

いざ出航！

漁船はそれぞれがひとつの独立した〝小さな城〟である。小さいというのは、人数が少ない点、それから実際身動きできるスペースが限られてしまう点だろうか。後で詳しく述べる〝探鯨《たんげい》〟を含む船の移動中は、アッパーデッキの1畳弱のスペースに私も含めると3人が寄り添うことになる。通常は、各船に船主である船長と1名の乗組員の2人体制であり、最大で総勢13隻26人体制で船団を組み漁にあたる。

空がわずかに白んでくると出漁となる。風が強くなければ多少の雨はかまわない。出航前に入念な準備、というモノはない。乗り込んでエンジン始動するとすぐ離岸だ。港内をゆっくり走りながら、船長はレーダー、無線などの動作をチェック。乗組員はフロート（スポンジを固く巻いたものやプラスチック製の「浮き」で、港内の船着き場は船が密着しているので、船どうしの直接の接触を防ぐために左右の船べりにぶら下げる）やロープの片づけをしている。

この13隻の出漁の情景は壮観だ（図1）。太地鯨方《くじらかた》[4]の宗家出身で明治期の古式捕鯨[5]末期を実際に体験している太地五郎作氏は「東天将《まさ》に白まんとするの時、漁浦《ぎょほ》に幾数艘の舟が次から次へと此の舟謡を唄いつつ出舟《でふね》する光景は此の太地浦を措《お》いて他に見る事の出来ぬ一種の古典的感を致するのである」と書き残している（『熊野太地浦捕鯨乃話』紀州人社、1937年）。

時代は100年以上隔たっている。手漕ぎはエンジンに置き換わっているが、沖の鯨に挑む、その心意気に流れるものは同じであろう。

港内航行は、安全運航確保および騒音排ガス低減のため、どこの港もスロー厳守である。早くエンジンをふかしたい衝動を抑えつつ15分ほど走る。太地東端の燈明崎《とうみょうざき》（1636年に設けられた日本有数の歴史を持つ灯台にちなむ。地元では海上を遥か見渡すことから〝とおみ〔遠見〕〟とも呼ぶ）を回るあたりでエンジンは開放され速度を上げる。同時に船団の各船は、右へ左へと扇形に散開していく。広い海域で獲

図1　追い込み漁船は1列に並んで出航していく。太地湾を出ると等間隔の扇形に散開。探鯨の始まりだ

図2　漁の間は、ほとんどアッパーデッキ（白い矢印で示した場所）で過ごし、操船、探鯨して、追い込み作業が始まれば鉄管を叩く。船のサイズは、背後にある軽トラックと比較されたし

物を隈《くま》なく探すためだ。こうして「探鯨」が始まる。扇形が開ききった状態は、各船が互いにやっと見えるくらいの距離（約7キロ。ちなみに新宿から秋葉原までの距離が6・7キロ）まで広がり、東から南へ（あるいは反対向きに）協調して動いていく。北東端から南端まで最大幅80キロにもおよぶ鯨発見センサーとして一体となり、時に無線で情報交換。状況を確認しながら動いていく。

　この漁が第一目的とするのはマゴンドウ（22頁の図6）、地元ではゴンドウクジラと呼ばれる体長5メートルほどの小型の鯨だ。ほかに、オキゴンドウ（口絵10、11）、ハナゴンドウ（38頁の図10）のゴンドウ類計3種と、イルカ類4種（カマイルカ、スジイルカ、ハンドウイルカ[6]（135頁の図32）、マダライルカ（口絵12））で、それぞれの種ごとの捕獲枠が毎年決定される。

　捕獲対象となっているイルカ類は、すべてマイルカ科で、程度の差はあるがすべて吻《ふん》（ク

図3　追い込み漁船団の探鯨

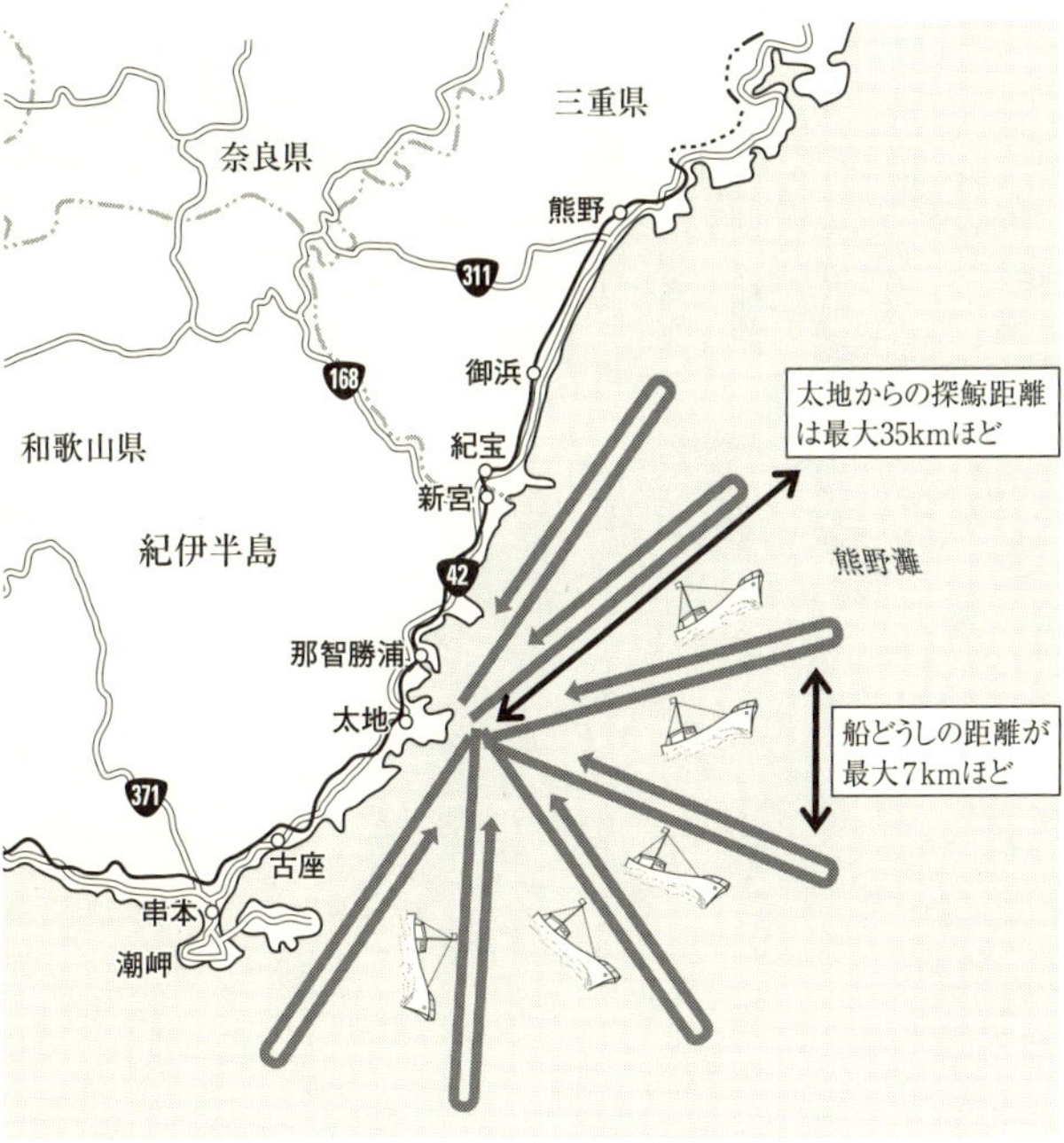

- 簡素化して描いたが、図のように太地から、扇形（ほぼ半円）に船団が展開していく
- 太地を中心に、北東から南西にかけて広がる熊野灘を等間隔に船が広がっていく
- 探鯨は、最大35kmほど沖合までまっすぐ向かい、左回りにゆるやかにUターンして戻ってくる
- このコースは持ち回りで、毎日、担当コースが変わる
- 一番沖では、船どうしの距離が約7kmとなり、この距離が船間のイルカを見落とさない最大距離でもある

チバシともいう）があり、ゴンドウ類と比べると頭部はスリムで流線型である。飼育下では、ゴンドウ類各種およびカマイルカを父親としハンドウイルカを母親とするハイブリッド（混血）が生まれており、それぞれ顔つきや歯の特徴が中間性質を示し興味深い。

⑷現在でいえば、「太地捕鯨会社」とでもなるだろう。『クジラと日本人の物語』（小島孝夫編、東京書籍、２００９年）によれば、１６７９年（延宝7年）の推計で、保有捕鯨船約45隻（おそらく予備含む）に565名の乗組員がいて、これに40名ほどの陸上作業役がおり、さらに「解剖」（後述。解体作業のこと）は村人総出で行ったとしている。まさに企業城下町、または〃人民公社〃ともいうべき村一体の事業だったといえる。当時の村戸数257戸（１６７７年）であることからも、村人総出の作業だったことがうかがえる。

⑸古式捕鯨とは、捕鯨砲（ボンブランス銃を含む）使用以前の捕鯨形式。太地における古式捕鯨は、１６０６年（慶長11年）に始まったとされているが、鯨方の完成がこの年だと考えるべきで、それ以前から捕鯨は行われていた。

⑹標準和名はハンドウイルカだが、水族館では、バンドウイルカの表記が多い。漁業者はハンドウイルカを好む。これだけ有名な種類で、呼び名が定まらないものも少ないのではないだろうか。

捕鯨調査員という仕事

１９９６年６月、私は沿岸小型捕鯨担当の水産庁の調査員（正確には、水産庁資源管理部遠洋課の臨時雇用〔非常勤職員〕、沿岸小型捕鯨業生物調査担当）として、初めて太地を訪れた。

捕鯨というと、今では南極海で行われる調査捕鯨を思い浮かべる人が多いかもしれないが、〝沿岸小型捕鯨〟が日本沿岸で正統の商業捕鯨として続いている。この沿岸小型捕鯨は、和田港（千葉県南房総市）など本州と北海道の数ヶ所を捕鯨基地にして行われているが（174頁の図36）、国の免許制であり、捕獲種・頭数とも厳密に決められている。捕鯨の監督官庁である水産庁では、漁業監督および生物資源管理などのために、捕獲物の調査を行っている。

そのために各地の捕鯨基地へ、捕獲物の現地調査、各種試料のサンプリングなどの目的で漁期に合わせて調査員を派遣しているのだ。それぞれの調査員は、１～３ヶ月間ほどを滞在期間とし現地で調査を進めることになる。

太地は、この沿岸小型捕鯨の基地のひとつでもあり、追い込み漁と重なるが、マゴンドウ、ハナゴンドウ（現在はハナゴンドウに代わってオキゴンドウが捕獲対象種になっている）を捕獲している。

当時の私は、大学院に入りたてで、イルカの行動学をめざしていたものの、頼れる人・場は少なく、右往左往していたところ、調査員の仕事を紹介された。私は自分自身を「熟慮」するタイプだと思っているのだが、その時は、どんな仕事なのかもわからないままその場で「やります」と即答をしていた。これも、きっとなにかの縁なのだと思う。

調査員の仕事はとても興味深いものであるが、行動学という学問分野にとって、〃死体〃を扱うこの調査は、なんら発展的なことはないだろうと期待せずに着任した。

現地の様子がわかってくるにつれ、秋にはイルカ追い込み漁が行われていることを知った。これから本書で詳しく紹介していくが、この漁は、沖でイルカ類の群れを見つけ、その群れを何時間もかけて、遥々《はるばる》太地にある小さな湾へ追い込むのである。これを聞いて思いついた。

「イルカ追い込み漁の漁船に乗せてもらえば、追い込んでくるまでの数時間は、イルカの行動観察ができるじゃないか！」

その頃、だれが追い込み漁師なのかどうかもわからなかったので、話す機会の多かった何人かの地元の方々に、それとなく頼んでみた。「秋になったらまた来たいと思います。そうしたら、追い込み漁を見学させてもらえませんか」と。

今になって振り返ると、なんと厚かましいお願いをしたことだろうか。だって、想像してみてほしい、自分の職場に見知らぬ人間を入れ、自分の仕事っぷりをさんざん眺められるわけだ。私だったら嫌だ、と思う。でも、この時「乗れるよ」「構わんよ」といってくれる人がいたのだ。願えば叶う、動けば応える。彼らはまったくの好意で、毎年半月ほども私を彼らの〝城〟に乗せて熊野灘を縦横に走り回り、挙げ句の果てには戦利品をオカズにくれたりすることもあった。

そして、その秋には、厚かましくも、2週間ほど追い込み漁船に乗り込むことができた。

百聞は一見にしかず

水産庁の調査員は2000年まで5年間務めた。当初、研究テーマには直接関係ないけれど、短期バイトのつもりで仕事をこなしていた。しかし、この考え方は間もなく変わる。行動観察一筋では、まず不可能な体験をさせてもらっている、と。

イルカの行動観察ではイルカに触れることはない、まして体の構造を知る機会はまったくない。たとえば、イルカには遊離肋骨《ゆうりろっこつ》というものがある。これは、肋骨だが、脊椎《せきつい》にはつながっていない、遊離した状態で、肋骨を構成している。このおかげで、胸腔《きょうくう》の保護と大き

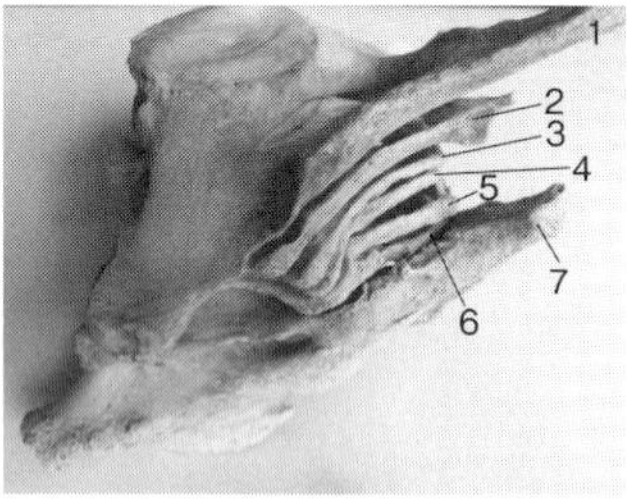

図4　マダライルカの頸椎。パッと見、首がないようだが、他の哺乳類と同様、ちゃんと7個の骨から成っている。7個の合計で約5cmの厚みになる

な肺活量を同時に成り立たせている――読者の皆さんは、この説明を読んでも素直に頭に入ってこないかもしれない。同じように、私が実経験をしていなければ、この遊離肋骨についても文字面でしか理解していなかったと思う。

あるいは、イルカの首が回らないこと。これは、他の多くの哺乳類と同じく7個の頸椎《けいつい》（図4）があるが、それが癒着しているためと解説される。しかし、これも骨の構造を実際に見ることで、「百聞は一見にしかず」の理解が得られる。挙げていけばきりがない。

調査員の仕事は、観察のみでは知りえない多くのことを学べたので、未練も多くあったが、1ヶ月単位で大学を空けることは難しくなってきたため、2000年9月が最後のお勤めとなった。

その間、またその後も、秋には追い込み漁船に乗りに行った。2003年まで、8年間もお世話になった。その後も、年に1～2度、太地を訪問し交流を続けている。

学生生活は「金はなくとも時間はある」といわれる。私はどうやら、「時間がある」を過

大評価しすぎていた。大学院の標準修了年限は修士・博士合わせて5年間となるが、このうち合計で約1年を太地で過ごしていた。その分、見聞は広がった、経験体験人脈も増えた、そして卒業も遠くへ延びた。それ相当の価値のある、そして稀な経験をしてきたと思っている。「卒業延期願」の提出を繰り返しながら太地に通い、勇魚《いさな》(7)漁師と交わり、そこで見て、聞いて、感じてきたことを伝える時機が来た。

(7)鯨の異名。勇魚会（海棲哺乳類の会：会員随時募集中！）発行の機関誌が『勇魚』であり、日本捕鯨協会の広報誌も『勇魚』である。

探鯨

さて、鯨探しの場面に戻って、実況中継を続けることにしよう。

「探鯨」という言葉は「探鳥」「探虫」などとおなじ〝探〟の用法だが、なんとなく、「あてどもなく探す」という語感がある。どうやって探鯨するのかというと、魚群探知機などの機器は使わない。これは船の下方向の魚影を探すもので、水平方向で4キロ以上も離れた鯨群を探すのには不適だ。

そこで、やることはひとつ、ひたすら海面を眺める。基本は目視。といってもテクニックはある。まず、凝視は良くない、視野が狭くなるからだ。それから船近くと水平線近くは見ない。船近くにいきなりイルカ(8)が現れることはないし、水平線まで遠いとイルカの大きさでは見つけることはできないからだ。とすると、探鯨の模範例としては、視野の半ばを左右になんとなく見ることになる。

沖の飛沫や、うねりの盛り上がりなどちょっと気になるものがあると、双眼鏡(図5)を覗く。これはカメラ用の一脚のように、〝脚〟を付けた特別な改造がしてあるものだ。見た目の野暮ったさに比べて、実用度は満点。もしふつうの双眼鏡を手に持って覗く姿勢を長時間続けたとしたら、二の腕がひきつってくることだろう。それに対して〝脚〟を持つことで腕は腹のあたりに位置し、疲れは半減(いや8割減くらいか)する。これは大型捕鯨の時代から使われてきたようだが、すばらしい発明だ。

探鯨中に探すべきものは、実は「潮吹き」ではない。もちろんイルカそのものでもない。「海の色」を見るのだ。これを文章で伝えることはとても難しい。なぜなら私は正確には理解していないのだから。漁師の説明によれば、イルカは小さいので噴気も高く上がらず、遠くから噴気を目印に発見するのは難しい。それよりもイルカは群れでいるので、その部分一帯の海の色が黒っぽく変わる。それを見つけるのだ、と。

ただし、ナガスクジラ（108頁の図29）など大型種を対象とした昔の捕鯨では、水平線より遠くの噴気を見つけて捕りに行くこともあったという。噴気が高く上がるので、水平線より遠いものが見えるのだ。

そうこうしていると、船長は双眼鏡を使い確認作業を始める。何か獲物を発見した雰囲気が伝わってくる。

「ビンゴ！」

全速前進で獲物の群れへ向かう。同時に無線で船団各船へ発見の連絡を行う。船団へ集合連絡を出してもすぐには集まれない。なにしろ各船は熊野灘に広く散らばって各々探鯨しているのだ。船団の両端間で最大70キロ程度。

発見した鯨種、群れサイズ、今期の漁の進展、直近の競《せ》り値など諸々を勘案し、この段階で、船団13隻中、何隻がそのまま探鯨を続け、何隻がこの群れの追い込みに参加するの

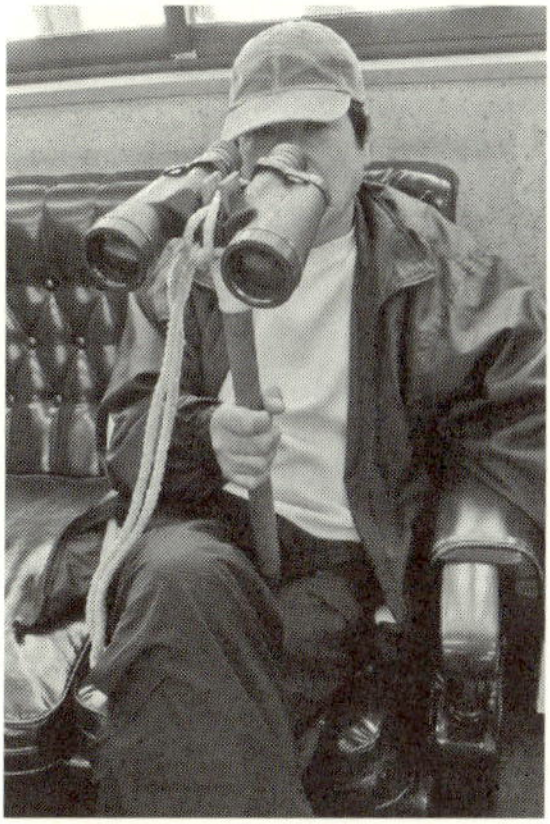
図5　探鯨には、脚を付けた双眼鏡を用いる。バードウオッチャーもお試しあれ

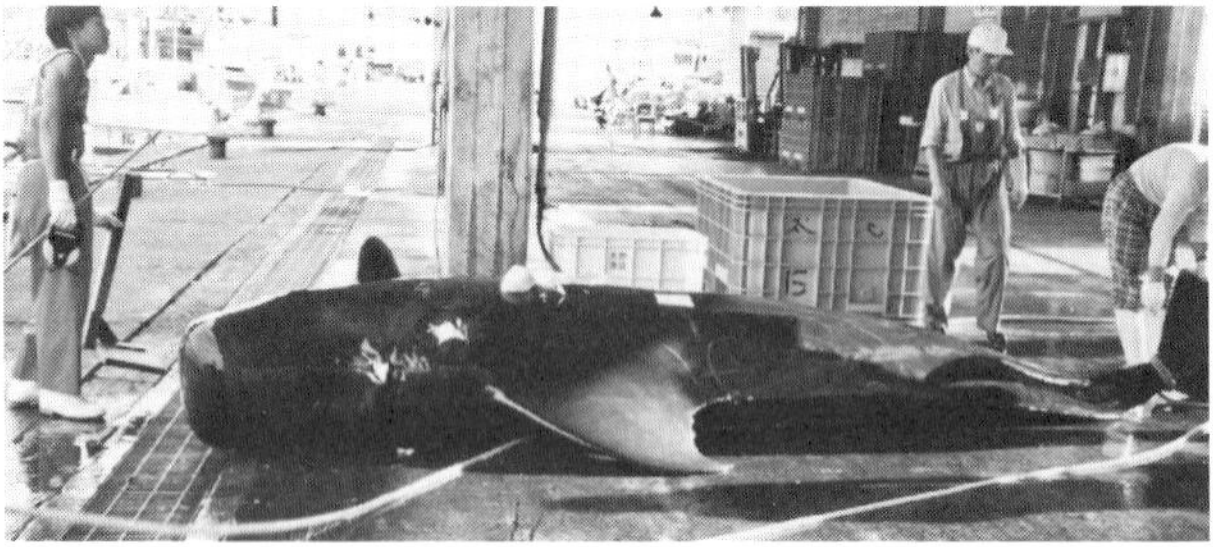

図6　マゴンドウ。コビレゴンドウの地方型のひとつ（もうひとつはタッパナガ）。体長はオスで約5m、メスで約4m。イカを好んで食すが、深海性の魚を食べていることもある。写真は1998年9月の小型捕鯨で水揚げされたところ（背びれを手前に横倒しになっている）。体長は5mに届かずやや小ぶりだが、久々の捕獲に解剖場の雰囲気も明るくなる

か、いさな組合長を中心に決定される。通常は、全隻が追い込みに参加するか、半分に分けるかのどちらかとなる。分けた場合は、発見船に近い7隻ほどが追い込み作業に入り、残りの船は探鯨を再開する。

発見時刻が朝の8時や9時であれば、他にも獲物を発見できる可能性もあるので一部の船は探鯨を続ける。群れサイズが大きければ追い込むための船も多く必要になる。種類については、マゴンドウが大型かつ市場単価も高いので最も気合が入る。

ところで、先ほど探鯨中に船の近くは見ない、と書いた。この追い込み漁で獲物となるイルカ類の潜水時間は長くて5～6分であるため、いきなり船の近くで見つけることは滅多にない。遠くの群れを第一発見するのが通例である。しかし、私が乗船していた時にも1度だけ、船の間近に突然群れが浮上してきたことが

ある。しかも、追い込み漁で捕獲対象とする種類の中では最大のマゴンドウ（大型の個体は5メートルを超える）数十頭の群れだったので、鯨群に船が囲まれたような状態となった。

驚き興奮した私の脳から理性的な研究者意識はどこかに吹っ飛び、狩猟本能がむくむくとわいてきた。ふだんはビデオ撮影に勤《いそ》しむところを、この大漁まちがいない状態で、なぜか追い込みの道具である鉄管（口絵2、3）をガンガン叩きまくっていた。結果、肝心の映像は残らず、脳裏に刻まれた記憶のみとなってしまった。

(8)イルカ追い込み漁の捕獲対象は、ゴンドウ類とイルカ類だが、漁法の名称がイルカ追い込み漁となっていることもあり、ここでは双方まとめてイルカとする。

緊急出漁

さて、イルカを探すのは基本的にはいさな組合の船団が出漁して行うのだが、時に地元の漁船が「イルカ発見」の連絡をくれることもある。そういう時にはまさに時間が勝負の緊急出漁となり、船団がそろうのも待たず、出漁準備ができた船から順次出航していく。

このような場合に、発見報告をくれた船に対して「発見料」を支払うルールになっている。

「見つけてくれてありがとう、おかげでこちらの手間は省けたよ」という趣旨のお礼なのだが、一定額ではなくて、水揚げ価格に対する割合で決まっているので、発見しただけでは、いくらになるのかわからないあたりがおもしろい。いさな組合の発見料は、水揚げの3％程度だったが、近年は収益悪化のために、ややパーセンテージを下げているという。

２００８年度漁期の最終日が、まさにこの緊急出漁だった。例年、漁期は9月1日から翌年4月30日まで（捕獲対象種によって漁期が一部異なる）。4月29日は地元で「鯨供養祭」が行われ、組合員も全員出席するため休漁となる。２００８年は、4月下旬に「発見」の連絡もなかったので、「今年はもう終わりだな」と漁期を1日残して、供養祭後に片づけをしてしまった。

そして最終日。まさかの「発見」連絡が入る。各船、慌てて舫い《もや》（船と岸壁をつなぐ太い綱のこと）を解く。船は、いつでも出航できる状態になっている。追い込み漁の準備も大したことはない。問題は「網」だ。湾に追い込んで、その入り口を網でもって百数十メートルにわたって二重に仕切らなければ簡単に逃げられてしまう。これだけの網を巻き取って船に積み上げるとかなりの量になる。これを昨日、丁寧に納屋に片付けていたのだ。1日で慌てて取り出す羽目になるとはだれも思わなかったが、迷ったり悔いたりしているわけにはいかない。追い込みは時間勝負なのだから。その上、その時の獲物は、収益力の高いマゴンドウなのだ。

ゴンドウ日和

海況が悪くなければ、土日も含め毎日出漁して、探鯨を行う。探鯨そのものの時間は朝7時から昼過ぎあたりまでがふつうだ。朝の出漁の可否、探鯨を終わらせるタイミングなどの見計らいは、組合長を中心とした数名の役員の合議（当たり前だが、沖での合議は無線を使って行われる）がタテマエとなっている。まあ、たまに「もぉ、いこら（行こうよ）」と声をかける人もいるが、そう間違ったタイミングではないので、組合長以下はそれに従うこともある。つまり、長年のカンで動いている人が多いので、自然と行動が一致してくるわけだ。

そのうち、漁師仲間の雰囲気に気合が入っている日とそうでもない日があるのに気が付く。発見できずに帰ってきても、「今はダメなんだぁ」「潮がワリぃ」と不調なことをあまり意に介さない。どういうことなのか尋ねると、大潮に合わせてゴンドウはやってくるらしいのだ。「大潮廻り」または、大潮の時は満月（新月）なので「月夜（闇夜）廻り」ともいう。おそらく、大潮で海水が大きく流れると、それに合わせて、生きものも動いて別の場所に行く。

漁師にすれば、それまでイルカがいなかった場所に、大潮に合わせてやってくる（移動してくる）ので、大潮の時には（他の魚も含めて）大漁が期待できることになるのだろう。

「ゴンドウ日和《びより》」という言葉も聞いた、もちろんゴンドウがたくさん捕れる日和ということだ。これは、少し蒸し暑いような、どんより曇った日のことをいう。曇天は確かに探鯨に向いている。太陽光の海面反射が少ないので、見落としが少なくなるのだ。とくに太陽の高度が低い時は、キラキラまぶしくて、発見効率は格段に落ちてしまう。曇天は強力な助っ人になる。

「蒸し暑さ」はどう関係するのだろうか？　船で沖へ出て、黒潮に入ると明らかに空気が変わる。下から、もわぁ〜っと熱気が上がってくるのを感じる。黒潮は、鹿児島から千葉までは、その本流が日本列島沿いに流れている暖かい海流であるが、よりミクロには流れの変動がある。太地周辺でいえば、その本流がほんの2〜3キロ沖を流れることもあるし、それが20〜30キロも沖になることもある。黒潮が近ければ、陸地へも蒸し暑さの影響があるはずだ。そして、黒潮の縁にゴンドウはよく見つかるとされている。

つまり、「ゴンドウ日和」は、ゴンドウが近くに来ていて、なおかつ発見しやすいという天候なのだ。実際、港で仲買さんと雑談していて「今日はゴンドウ日和だから（捕れるよ）」

という話が出ると、ほぼ間違いなく予言通りになるのだ。

探鯨中の出会い

探鯨中には、捕獲対象ではない鯨類のほか、多くの生きものに出くわす。頻度が高いのはトビウオ。船の接近に慌てて海面から飛び出す。飛び出した後は滑空するので、ふつうは数十メートルの飛距離で着水するが、中にはうまく風に乗り、偶然か巧者なのかわからないが、途中で高度を上げ飛距離を伸ばし200～300メートルは飛んでいくものもいる。

たくさんいるんだな、と思ったのはウミガメ。カメは、船が近づいてもその反応はいろいろだ。慌てて急いで逃げるタイプ。そのまま波間をゆらゆらしているタイプ。どこかへ向かって船など気にせずに必死に泳いでいるタイプ。

おもしろいのはマンボウ。あの巨大な魚だ。水族館やテレビで見るマンボウは座布団のような体を立てて泳いでいるが、船から見るマンボウは敷いた座布団だ。海面で横たわって、ヒレをパタパタしている。これには、昼寝をしている、日光浴（紫外線）で寄生虫を焼いている、いやいや寄生虫を海鳥に啄《ついば》ませている……などいろんな説がある。

そして、マッコウクジラ。捕鯨モラトリアム(9)以降、ほとんど捕獲されることがなくなった

図7　マッコウクジラ。成獣はオスで15m、メスで11mほどの大きさ。歯を持つハクジラ類の中では最大の種類。本種も、商業捕鯨で最後まで捕獲対象種とされていた。下顎のみに二十数対の大型歯を持つ。この歯を用いて深海性のイカを好んで食すようだが、他にもタコも魚も食べる。歯は極めて硬質で、印材に用いられるほか、削り出し加工をして民芸品もつくられる。写真は2000年4月に静岡県大須賀町（現・掛川市）に座礁したもので、体長約16m、推定体重40tの大きなオス

ために、増えており、必然的に出会う頻度が高くなっている。さらに、人に狙われることがなくなったために、船を怖がらなくなり、近づいてもあまり逃げ出さない。これが高速船と鯨の衝突事故につながっているという面もあるのではないか。今では悠々と捕鯨船の近くで噴気を上げてリラックスしているという。

　小型捕鯨船の乗船中に、船長が大サービスしてくれたことがある。マゴンドウを探鯨中にもかかわらず、マッコウクジラを発見すると探鯨ルートを外れて、近づいてくれた。15メートルほどもある大きな鯨がぽっかりと浮かんでいる。手が届きそうな距離まで近づいても逃げない。何で逃げないのか、船長に聞いてみると「わしらが（マッコウクジラを）捕れんのを知っとるんじゃ」との返事。この強大な哺乳類の環境変化（捕鯨対象から外れて人が敵ではなくなった）への適応能力に感心した。

(9)ＩＷＣは、International Whaling Commission（国際捕鯨委員会）の略。鯨の資源量減少を受けて、１９８２年に商業捕鯨のモラトリアムを決議した（日本の商業捕鯨モラトリアム実施は１９８８年）。モラトリアムとは、一時停止（禁止）を意味する。ＩＷＣでもモラトリアム実施後、１９９０年までに鯨資源量の再評価を行い、それに従って捕獲枠の設定をしなおして捕鯨再開をスケジュールしていたが、その後20年を経ても商業捕鯨再開の合意は得られていない。

直近のＩＷＣ総会は２０１０年６月にモロッコで開催された。調査捕鯨の管理をその実施国からＩＷＣへ移すことと、沿岸商業捕鯨の再開とをセットにした議長提案が事前に検討され、近年にない盛り上がりで総会が開会した。結果的には、各国の意見対立が大きく、何ひとつ合意には至らなかったが、議論が交わされたことは一歩前進だろう。来年にはぜひ進展がほしい。絶滅に瀕しているわけでもない動物を、自国内で自国民が捕ることができない状況は〝ふつう〟ではない。

余所者ならではの祈り

マンボウやマッコウクジラのように、まるで人（船）の存在など気にしていないような、自然体の動物を見るのは心躍る。

しかし、探鯨中だ。イルカを発見できないことには漁にならない。収穫ゼロとなれば、純粋に燃料代のロスとなるわけで、天候不良などで休漁になるよりも悪い事態となる。

実のところ、発見の有無は、利益に関わることのない私には直接関係するものではない。しかし、私のような部外者にとって、発見の、つまり漁の有無は別の意味で切実な問題となる。部外者が船に乗り込む場合、漁のリズムが狂うとされる。それは往々にして悪くなることを意味する。

船に乗せてもらって、1日や2日の間、漁がなくても、大した問題はない。しかし、一日一日雰囲気が悪くなってくる。天気のせいにする、あるいは潮のせいにする、そしてメンバーのせいにする。こうなると針のむしろだ。何か獲物が見つかることを祈るばかりになる。自分の探鯨も必死になる——と、ここまで心理的に圧迫されたことはないが、やはり気にはなる。

幸い、私が乗船した時の成果は、なかなか良い。漁協の職員さんにも「漁招きやねぇ」といわれたこともある。小型捕鯨船でツチクジラ操業に乗せてもらった時も、幸い3日も続けて鯨が捕れた。それから数年後、その捕鯨船の砲手のおいちゃんと話していた時に、「おまえは、いいやつだ」と褒められたから何かと思って尋ねると、船に乗った時「ちゃんと鯨を捕らせた」からだという。あぁ、余所者は品定めされているんだ、やはり船のリズムが変わるんだ、と実感した。

追い込み作業

さて、折よく、イルカの群れを発見できれば、そこからが追い込み漁の本番だ。

追い込み方法そのものはごくシンプルで、獲物の群れを後方側方から追い立てて目的の方向へ誘導するのだ。ヒツジと牧羊犬の関係を、イルカと追い込み漁船団に置き換えれば想像しやすいだろうか。牧羊犬は、ヒツジの群れの周囲を吠《ほ》えながら駆けずりまわって誘導していく。同様に勇魚の船は、鉄管（口絵2、3）を叩いて威嚇《いかく》音を出しながらイルカの群れのまわり三方を囲み、誘導させたい方向にイルカの逃げる方向をつくることで徐々に導いていく。

この鉄管が追い込み漁の要である。直径10センチ、長さ5メートルほどの鉄管の先端側2メートルほどが海中に入り、反対側はアッパーデッキの操舵席横になるように設置されている。これを鉄槌でガンガン叩く、叩く、また叩く。そのうちジ〜ンジ〜ンと腕にも響いてくるが、獲物を前に怯《ひる》むわけにはいかない。

図8　高台から畠尻湾の入り口を望む。奥の海から手前に群れを追い込む。湾の入り口は二重に網で仕切られている

詳しくは3章で説明するが、追い込み漁は古式捕鯨の流れを受け継ぐものと考えてよい。古式捕鯨全盛期の網捕り式は、鯨を網（網代）へ追い込むことが漁法としての要だった。この追い込みの作業は数百年たっても大きくは変わっていないということだ。

情景を思い浮かべてもらうために、津本陽氏の名作『深重の海』（新潮社、1978年。第79回直木賞受賞作）から引用する。

「近大夫の指揮で鯨の沖手に一列に並んだ勢子舟（筆者注：勢子とは獲物の追い立て役のこと。これに倣い、古式捕鯨で鯨を追う船も勢子舟と呼ばれる）は、中央の舟を基点に内側に折れ、大きなV字形をつくった。その隊列のなかに鯨をとりこめ、網代へ追ってゆくのである。近大夫が、『貫抜き打ち』の旗を振った。孫才次はあわてて足もとから木槌《きづち》をとりだし、舳の玉大夫に渡した。『トン、トン、トン、トン。トントントントン』玉大夫は舳に腹ばいになり、舟の先端の張木《はりぎ》を緩急いりまぜて叩きはじめた。どの舟からも忍びやかな木槌の音がきこえてきた」

これが短ければ1時間ほど、長ければ6時間以上も続くことになる。追い込みのプロたちも人である、長丁場になると鉄槌の音が弱くなり、しばしば散漫になってくる。そんなタイミングを狙ってか、13隻もの船で囲んでいるのに抜けられる（＝逃げられる）こともある。

アッと思うと、群れ全体が潜行姿勢で深く潜ってしまう。イルカ類の呼吸間隔は長くて数分だ。だから通常は抜けられても、浮上してきたところを発見し、再度船団を立て直し、追い込み直す。しかし、潜った群れの一部しか再発見できないこともあり、また稀には群れ全体を見失ってしまうこともある。

発見位置次第で、追い込み作業の難易度も変わる（図9）。北東から追い込む場合は、地形的に太地が突き出た形になっており、そこへ吸い込ませるように追い込めるのでスムーズに進行する。反対に、南側から追い込む場合には、突き出た太地がむしろ邪魔になり、ぐるっと回りこむように追い込むことになり、難しくなる。太地の手前で岸にかなり寄せておかないと、そのまま外洋へ逃げ出すチャンスを与えてしまうことになる。

図9　追い込み方向による難易度の違い

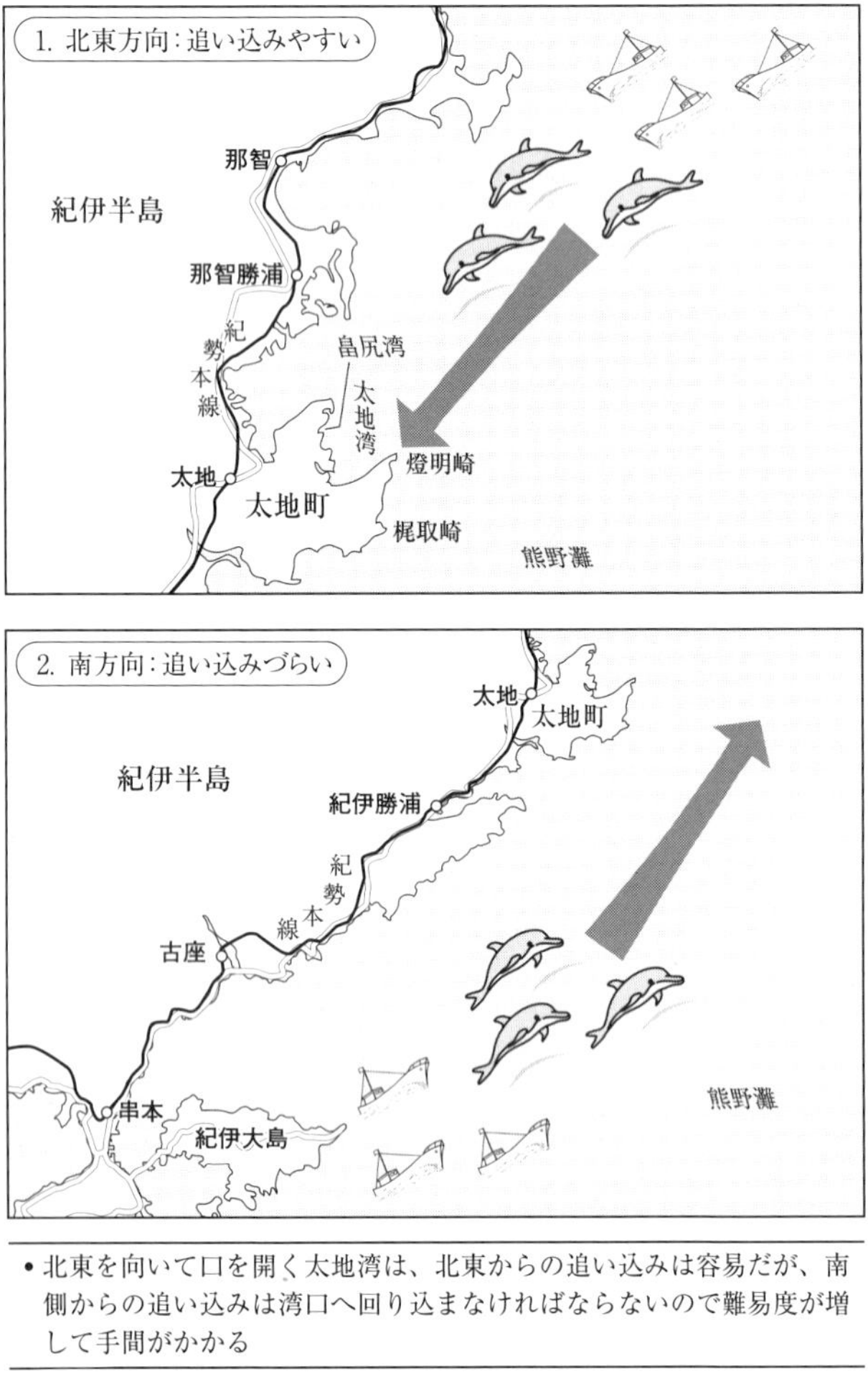

- 北東を向いて口を開く太地湾は、北東からの追い込みは容易だが、南側からの追い込みは湾口へ回り込まなければならないので難易度が増して手間がかかる

不思議な感覚

完全な外海では、360度全方向に逃げられることを考えると、最短距離を取らずに、早い段階で陸側（浅瀬まではいかない沖合1キロ弱）へ寄せることが、まずは重要な作業になる。岸に近いと深く潜れないので、スムーズに追い込めるのだ。潜る深さと次の浮上位置までの距離には関係があるようで、浅く潜って遠くまで泳いでもよさそうな気がするが、実際は、浅くしか潜れないと浮上位置も近くなるようだ。

また、イルカは陸には向かっていかない習性があるので、イルカの逃げようとする方向が沖側に絞られる。

イルカが後方へ逃げ出すことは滅多になく、各船が群れの左右を取り囲むように誘導するので、イルカの群れが移動する範囲は進行方向に左右それぞれ30度程度の幅となる。理想的には、この左右の振れ幅をなるべく小さく抑えながら、ジグザグとイルカの群れを太地の方向へ追い込んでいく。

この過程はとても不思議な感覚になる。なぜ、30キロ以上も離れた所から、間口50メートル程度の小さな入り江に追い込めるのだろうか？　追い込みの道具は鉄管だけ、それを叩く高い音、それだけがヒトの武器である。当然ながら、船の下には網が張ってあるわけではないので、群れごと船団から逃げていくこともあるが、この〝脱走〟は稀と考えてよい。イルカの群れは、追い込まれるというよりは静かに〝引き寄せ〟られるかのように太地へと向かう。

ところが、この静かな群れは、このままでは終わらない。いよいよ太地近くになり、目的地の入り江まで1キロを切ると、水深も浅く場所によっては10メートルもなくなる。ここで群れは最後の意地を見せる。ラストチャンスと思うのだろうか、猛ダッシュを始めるのだ。しかし、そこは漁師たちの心得るところ。一部の船は先回りし、イルカの群れを入り江へと誘導するために待ち受けている。

『日本沿岸捕鯨の興亡』（近藤勲、山洋社、2001年）では、追い込みの最終段階の情景を言葉巧みにたとえている。

「午頭鯨《ごんどう》や海豚《いるか》はあたかもアメリカ映画に出て来るカウボーイに追われた牛が柵の中に入るようにして太地の浦に追い込まれ、網で仕切られ、これで一巻の終りである」

イルカの習性と地形の特性を巧みに組み合わせた結果なのだろう。最後は本当にスーッと吸い込まれるように畠尻湾《はたじりわん》（口絵1、図8）に入っていく。イルカの群れ全体が入り江に入ると、その出口は二重の網で締め切られる。

イルカとクジラ

捕獲作業の続きは次章のお楽しみということにして、ここでイルカの生物学的な分類について、簡単に説明しておくことにする。

本書はイルカ追い込み漁がテーマだ。イルカを対象（獲物）とする漁のことだから、イルカについていろいろ書かなければならない。それにはどうしてもクジラも関わってくる。なぜなら、両者は切っても切れない縁で、名称がイルカとクジラとに分かれているのは人為的に分類されているためである。

まず、両者とも分類上は哺乳綱鯨目(10)に属する。さらにイルカ追い込み漁で対象となる種類は、すべて鯨目のマイルカ科に属する。この〝科〟という分類レベルがどのくらいの範囲を示すのか、ヒトの場合で考えてみると、霊長目ヒト科となり、ここにはヒト、チンパンジー、ボノボ、ゴリラのたった4種類（現生種としては）しか含まれない。

ところがマイルカ科はとても大きな〝科〟で約40種(11)から成り、さらにイルカもクジラも含まれる。大きなものはシャチ（killer whale）〔口絵13〕で体長8メートルほどになる。小さな方では体長1・5メートルに満たないセッパリイルカ（Hector's dolphin）がいる。

図10　英語ではイルカ寄りの分類、日本語ではクジラ寄りの分類になるハナゴンドウ（Risso's dolphin）。しばしば見られる尾びれを水面に出して“逆立ち”した姿勢。何のためにこの姿勢をとるのか不明だが、水中は浮力のせいで上下の感覚が地上とは異なるので、無理な姿勢ではない。南知多ビーチランドにて撮影

では、イルカとクジラを人為的にでも分けるものは何か？

それは、体サイズである。一般的に体長4～5メートルを境に、小さいものをイルカ、大きいものをクジラとしている。

ところが日本は伝統的には、3つに分けてきた。イルカ、クジラ、そしてゴンドウである。ゴンドウの仲間は体長3～7メートルで長い口吻を持たないのっぺりした顔立ちを特徴としており、ちょうどイルカとクジラの間を埋める形になる。ゴンドウは漢字で「巨頭」「午頭」などと書き表し、頭部の特徴が名称になっている。

このゴンドウの存在が、日本と欧米との〝摩擦〟になることもある。大型のゴンドウであるコビレゴンドウ(12)は英名 short-finned pilot whale であり、クジラ扱いだ。小型のゴンドウ

であるハナゴンドウは英名Risso's dolphinで、イルカ扱いだ。日本語で考えるとひとつの分類群であるゴンドウが、国際的には種によってクジラとされたり、イルカとされたりするのでは交渉もややこしくなるはずだ。

実は、英語圏でも鯨類の分類は3つある、dolphin（イルカ）、whale（クジラ）、porpoise（ネズミイルカ）だ。イルカより小さく、長い口吻を持たない種類がporpoiseとされる。日本語でも英語でも、頭部の形状が分類のキーポイントになる点は興味深い。

本書では、「イルカ類」と表す場合には追い込み漁で捕獲対象としているイルカに加えてゴンドウ類も含ませている。また、「鯨」と漢字表記する場合には、イルカとクジラを含む鯨類全般を意味する。同様に鯨肉にはイルカ肉とクジラ肉を含むものとする。

(10) 哺乳綱鯨偶蹄目鯨目と表記する場合もある。鯨目は分類の過渡期にあり、この表記は、目のなかに目があるというヘンテコな状態だが、従来の偶蹄目と鯨目を合わせた結果の応急処置である。鯨目の下には、ヒゲクジラ亜目とハクジラ亜目があったので、〝鯨亜目〟を新規につくるのはさらに混乱する。また「下目」「小目」は、亜目よりも下位分類なので〝鯨下目〟をつくることはできない。

(11) こちらも分類が決定的でないため「約」を付けた。現在は亜種レベルでも近い将来に種として認められる、あるいは一部の専門家は別種として扱っているなど諸々事情がある。

⑿コビレゴンドウは標準和名で、本書で使用しているマゴンドウはコビレゴンドウの地方名である。日本近海に生息するコビレゴンドウは、北方型のタッパナガと南方型のマゴンドウの2地方型に分類されている。タッパナガは細身長身（6メートル台）でマゴンドウはずんぐりむっくり（5メートル前後）の対照的な体型で、生息域も完全に分離しており、種あるいは亜種レベルに分類されるとする見解もある。

マゴンドウは一般に、体長が大きくなれば、胴回りも大きくなる。つまり大きければ大きいほど加速度的に重くなる。5メートルを超すほどになると、市場で通常使っている小型のリフトでは運ぶのが難しい。

【コラム：イルカの行動観察学1】　混群

イルカ研究にはいろいろな手法がある。骨格標本を集める人、鳴音を記録する人、糞を採集してそこからDNAを抽出する人。私は海を泳いでいるイルカの行動に興味があった。そこで、沿岸小型捕鯨の調査員をしながら、船上調査ができる〝場〟を探した。結果的に、イルカ追い込み漁船にも沿岸小型捕鯨船にも乗って、貴重な体験をさせてもらった。

ただ、どちらも調査船ではなく、正真正銘の操業中にイルカ（あるいはゴンドウ）を見ることになるので、ゆっくりと観察している暇はない。漁の目的は捕獲にあるのだから。このため、研究報告として発表できるようなデータは得られていないが、興味深いエピソードはいくつかある。そこでコラムでは、そうした観察事例をいくつか紹介していきたい。

＊

まずは「混群」。霊長類研究者の足立薫氏は「異種の群れが、あたかも同一種の群れであるかのように寄り集まって、一緒に移動し、採食する現象」を混群としている。一緒にいるだけでは混群とは解されない。サメやエイなど大型の魚にコバンザメがくっついているのは混群ではないし、シマウマのまわりにライオンがウロウロしているのも混群ではない。前者は「片利共生状態」であり、後者は「捕食関係」にある。混群は、鳥類ではかなり一般的に見られ、霊長類でも知られている。鯨類に関してもいろいろな組み合わせの混群があるが、混群をつくる理由、メリットなどについてわからないことばかりである。

太地沖で見られる鯨類の混群は、ゴンドウ類とハンドウイルカとの混群だ。とくにマゴンドウとハンドウイルカ、ハナゴンドウとハンドウイルカ、これらの組み合わせは頻繁に見られる。ハンドウイルカは単独群でも存在する一方で、マゴンドウが単独群のことはむしろ少ない。この組み合わせの頻度から考えると、ゴンドウ類がハンドウイルカを〝頼って〟混群を形成しているのではないかと考えられる。

この点は、追い込み作業時の観察からも推測できる。マゴンドウとハンドウイルカとの混群を追い込もうとすると、後者だけ逃げることがある。これは群れとしての組織性が高くないことを示す。また、それぞれの動きからは、ハンドウイルカが主体的にかつ自由に動き、マゴンドウは置いていかれているように感じる。まるで体の小さな兄ちゃんが危険を感じるや否や、くっついて遊んでいた大きな弟を置いて逃げ去る、そんな印象だ。

2章　イルカ追い込み漁(2)　浜でのこと

危険だらけの捕獲作業

畠尻湾。湾といっても実際のところ入り江というイメージが合う大きさだ。一番広いところで幅150メートル、奥行き200メートルほど。湾口部から湾奥の岸を見ると中央部が少し出っ張った形になり、あえていえば太っちょのY字型といえばよいだろうか。湾を囲んで両側は切り立った崖になっており、そのまま海へ岩肌が落ち込んでいる。中央部は人工的な護岸になっており、小さな砂利の浜だ。

ここへ追い込まれたイルカ群は、その翌日(1)の早朝から捕獲が始まる。捕獲作業は陸班・海班・船班に分かれて進行する。この作業も、いさな組合員がめいめいに分担し持ち回る。だれもがどの仕事もこなせるようになっている。他に、後述する「解剖」の担当もいる。

まず動くのは船班だ。湾内を自由に泳いでいた群れをゆっくりと岸へ追い立てながら、網を狭めていく。網の中が狭くなり密度が高くなる。水深も数十センチほどになり、勢い余って岸に乗り上げてくるイルカもいる。

次の仕事は――この仕事が最も危険である――ウエットスーツ姿の海班が浅瀬に上がってきたイルカの尾びれにロープをかける。もちろん海中での作業だ。冬場の早朝、寒くないはずはないのだが、緊張のため作業中に寒いと思うことはないという。

このロープを受け取った陸班は、岸に張った長い綱につなぎイルカの動きを抑える。イルカの尾びれの力はとても強力で、作業を危険なものにする。おとなしくなったようなそぶりに安心すると、突然「バタくる（大暴れする）」ことも多い。動きの減った間合いを見て、脳と脊髄《せきずい》をつなぐ大動脈および神経を切断することで絶命させる。

昔は致命的な刺し位置がわからず、突きまくるということもあったので捕殺方法に疑問が呈されていた。しかし、２０００年以降は、デンマーク・フェロー諸島で開発されたこのピンポイントで狙う手法が採用された。これにより、絶命までの時間が短縮されると同時に漁師の負担も減り、捕殺作業がスムーズに進行することとなった。

捕殺されたイルカは、運搬用の小型船へ引き上げられて、そこで10頭程度まとめて、魚市場の解剖場へ1キロほどの距離を海上輸送されていく。

ここまでが入り江での作業だ。2日がかりの追い込み漁のほんの一部がここでなされる。イルカにとってはここが絶命の場であった。しかしそれをことさらクローズアップすることは正義でもなんでもない。ここで使われる命は、無駄になるわけではないのだから。

⑴週末や市場の休業日には解剖作業をしない。流通上の〝出荷調整〟などにより追い込まれてから捕獲まで数日かかることもある。

生け捕りされるケース

他方、4章で詳しく述べるが、ハンドウイルカを中心に生け捕りされる個体も近年増えている。これは、国内水族館、畜養業者（国内外への販売）などが飼育目的で購入する分である。購入側は船班が岸へ追い立てたイルカの中から希望するイルカを選ぶ。これを「選別」と呼んでいる。

海班は2人ひと組で、御用聞きのように購入者に希望を聞くと、ふたたび海に入り、条件

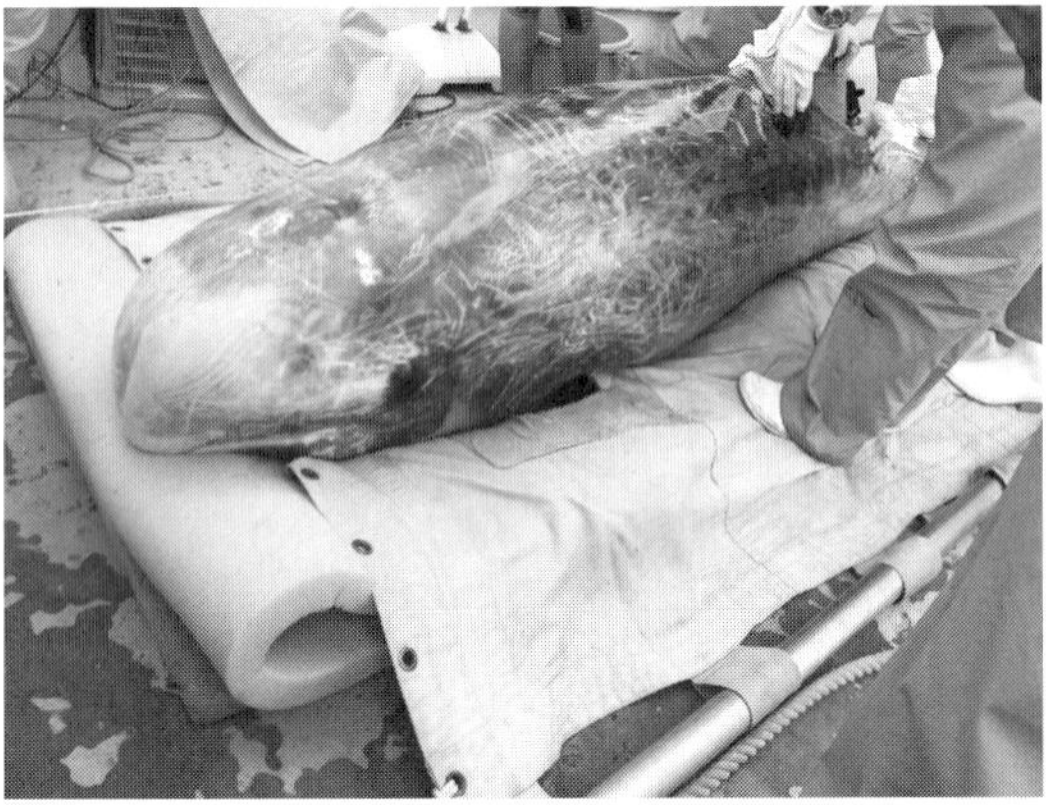

図11　イルカ専用担架は、胸びれ用のポケットが開けてあり、胸びれが邪魔にならないようにつくられている。写真は、実験のために担架に乗せたところ。南知多ビーチランドにて撮影

に合致するイルカを探し出す。

これは想像以上に、困難な作業だ。まず、自分よりも大きなイルカが足の踏み場もないくらいに詰まった状態でバタバタしている。そこから、体の大きさや、目立った傷を受けてないかなど目星をつけ、さらには性別を判定しなくてはならない。イルカの下腹部は水中だ。場合によっては海底の砂利に擦れてしまっている。とても、目で確認するわけにはいかず、手探りすることになる。生殖器の場所は、イルカの背びれ後ろ寄りの付け根あたりの下腹部。そのあたりを、手で探って、狙い通りの性別かどうか確認する。

条件が合えば、海班が2人組でイルカを両脇から抱えて購入者に「面通し」する。購入者側も傷の有無、弱っていないかどうかなどを即座にチェックして、可否を決める。

ちなみに、購入側の希望は「若メス」であることが多い。その理由としては若齢個体のほうが新規環境に慣れやすいこと、メスは繁殖の期待ができるとともに、性格が比較的おとなしいことが挙げられる。

購入が決まったイルカは、専用の担架（図11）に乗せられて吊りあげられ、輸送用のトラックに収容[2]され、そのまま運ばれていくものと、しばらく太地で畜養されるものがある。畜養組は、小型ボートの船べりに担架で括《くく》りつけられて、ゆっくりと生《い》け簀《す》へ運ばれていく。

図12　ハンドウイルカの初期トレーニングを行うカズさん。ここで飼育環境に慣れさせてから各地へ輸送される

畜養業者は、イルカの〝新人研修〟を行ってから、各地の水族館等へ送り出す。新しいイルカに、エサを人の手から食べるように人慣れさせて、ジャンプなど簡単なアクションのトレーニングを行う（図12）。

⑵担架は、イルカの胸びれが邪魔にならないように、胸びれ用の穴が開いている専用担架で、トラックの荷台にそのまま降ろす。イルカの輸送は、水槽を思い浮かべるかもしれないが、これだとトラッ

クの振動で水が大きく揺れるのでイルカ輸送には向かない。スポンジクッションの床に、担架のまま降ろし、背中や頭部には乾燥防止のクリームを塗り、シャワーで水をかけながら輸送する。

追い込み失敗譚

捕殺にせよ、生け捕りにせよ、もちろん追い込みの段階で失敗をしてしまうこともある。ここでは追い込み漁が始まって間もない頃のふたつのケースを紹介しよう。

ある年の瀬のこと。初めてシャチの追い込みを行っていた。それまでシャチの追い込みに成功したことはない。太地の人はシャチを好んで食べるわけではない。しかし、鯨肉として十分流通するし、大きなものは8メートルにもなる。これが6頭ほど目の前にいる。しかしシャチは賢い。漁船に追い立てられるように動くことはなく、逃げる隙《すき》を窺っている。その上、地形的に不利な南側からの追い込みだ。このままでは明るいうちにはとてもじゃないが太地まで追い込めない。かといって断念するにはもったいない。今年の漁は不調なのだ。

そこで一計を案じた。太地の手前約15キロほどに田原漁港がある、その隣は砂浜の湾になっているので、そこで一晩置いておこうという話になった。田原の漁協に許可をもらい、とりあえずシャチを囲んで網を張った。すると、その場所は、他の漁の妨げになるから少し移動するようにいわれる。仕方なしに、シャチを囲んだ網ごと移動させようとする。一旦囲んだので気が緩んでいたのだろう、網の端をいくつかの船につなぎ、ゆっくり移動させようとする。海中に降ろした網の先が波に漂う。「ん？　網底が開いているぞ」。シャチはその隙間を狙ってすり抜けて行く。一瞬の出来事に、船団全体が言葉を失うが、網をつないだままの船がすぐに追いかけることもできず、ただ見送るばかりだった。

もうひとつのケースは、技術的な力量不足やミスというよりも、不注意による不幸とでもいえば良いのだろうか。

先の話と同じく、まだ初期の頃のこと、マゴンドウを順調に追い込んでいた。太地の畠尻湾までは、あと少し。だが冬の日没は早い。これも南側からの追い込みだったので、無理をせず、置いておくことにした。場所は、すでに太地町内の崖下の小さな浜。そこへ追い込み網を張る。ここからは梶取崎《かんどりざき》と燈明崎を回れば、畠尻湾はもうすぐである。太地には解剖に手慣れた人も多くいるので、夜間の鯨盗人を警戒して、外照灯を付けたままの小型船を係留しておいた。

翌朝、「追い込んだも同然」な気分で、各船は現場に向かう。近づくと、何だか様子がおかしい。マゴンドウは追い込まれるとスパイホッピングといって体を縦にして頭を水面から出して伸びあがり、遠くを見るような仕草をするものだが、それがない。

「ゴンド、浜に打ちあがっとるぞ」。おまけに何だか焦げ臭い。照明用に係留しておいた船は焼けていた。むしろ爆発していたという方が正しいか。

この災難をだれも見てはいないので、推測になるが、外照灯のために小型船で回しっぱなしにしていた発電機が、何らかの理由でショートし発火。その火が発電機に回って爆発炎上となった。爆発に驚いたゴンドウは、逃げようとしても網があって沖には逃げられず、しかたなしに浜に上がってきた――おそらくそんな顚末だったようだ。漁師にもゴンドウにも災難なことだった。

解剖作業

小型船で運ばれてきたイルカは、太地漁協内魚市場に設けられた解剖場（図13）へ引き上げられていく。解剖係は、大包丁と呼ばれる刃渡り30センチほどの専用の包丁を研《と》ぎ澄まして待っている。解剖(3)は、この大包丁（図14）と補助的に使う手鉤《てかぎ》で、ほぼすべての作業が行われていく（口絵7）。

イルカ類の種類（というより大きさ）によって解剖の手順は多少異なるが、ここでは追い込み漁の最大のターゲットであるマゴンドウの場合を例に説明する。

作業としては、頭部、背びれ、尾びれの順に切り落とし、皮を剥ぎ、骨と肉を分離する、といった流れである。内臓は解剖場まで運ばれてくる間に、取り出して一まとめにしてある。

図13　当時（2000年前後）の漁協内解剖場の様子。屋根だけのシンプルなもので一般町民や観光客も気軽に解剖を見学することができた

まず、頭部を切り離すための第一刀を入れる。鯨類は首がない。頭部からそのまま胴体になっているので、どこまでが頭部なのか見た目にはわからない。先述したように、実際に、鯨類の頸椎（首の骨）は数こそ7個あり通常の哺乳類と同じであるが、それぞれが固く癒着しており、文字通り首が回らない構造になっている（18頁の図4）。その頸椎の下、胸椎との境目を狙って間違うことなく包丁が入れられ、ゴロンと首が外れる。どんなに大きな骨も、骨と骨のつなぎ目は軟組織でできている。そこを狙って骨どうしを外せば、強い

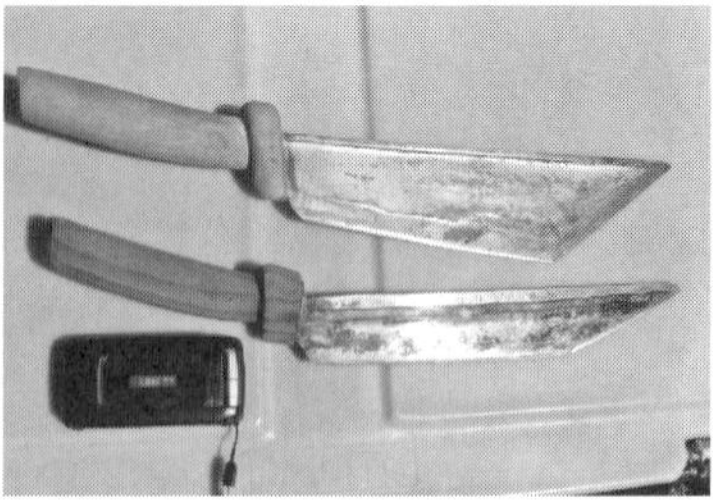

図14（上）　解剖のほとんどの作業を進める大包丁。上は比較的新しいもの、下は使いこんで刃が薄くなったもの

図15（左）　長柄。長い持ち手に、大包丁より少し大きな刃を取り付けている。現在ではミンククジラやツチクジラのような比較的大型種の解剖に用いるが、マゴンドウの解剖でも頭を落とす時などには用いることもある

力を入れなくても解剖することができるのだ。ただし、皮の上から骨の位置が見えるわけではない。長年のカンで骨と骨の間の数ミリを狙うという芸当だ。同時並行して、背びれ、尾びれが切り落とされていく、こちらは骨がないので難なく切り落とせる。

次に、皮を剥がす。皮といっても時に10センチ近い脂肪層を含んでいる。これを剥がすためには、手鉤が必須。手鉤で引っ張り上げながら、脂肪層と肉の層の境目を剥がしていく。引っ張られてテンションがかかっていると別々の組織層なので容易に裂けていくのだが、テンションがかかっていないと双方ともタプタプした状態なので、包丁の刃が押し返されてしまってさっぱり切れない。脂肪層のたっぷり付いた皮は、

肉に次いで重要な産物である。

肉の切り出し方にも特徴がある。背骨の棘突起《きよくとつき》（背側に突き出ている突起。図16）を挟むように垂直方向に頭から背に向かって切れ目を入れる。続いて左右の横突起の上面に沿うように切れ目を入れる。これで、背側からふたつの大きな肉の塊がとれる。これが一番高い値がつく正肉となる。

解剖場のあちこちで同時進行で解剖は始まる。小型のイルカの場合は解剖係が1人に1頭、比較的大型のゴンドウ類の場合には3〜4人で1頭に取りかかる。

マゴンドウ1頭の解剖にかかる時間はおよそ20分。実に見事な手際で進んでいく。


⑶鯨類の解体処理のことを「解剖」という。どうしてこの表現になったのかわからないが、「解体」あるいは「屠畜」よりも好んで使われている。

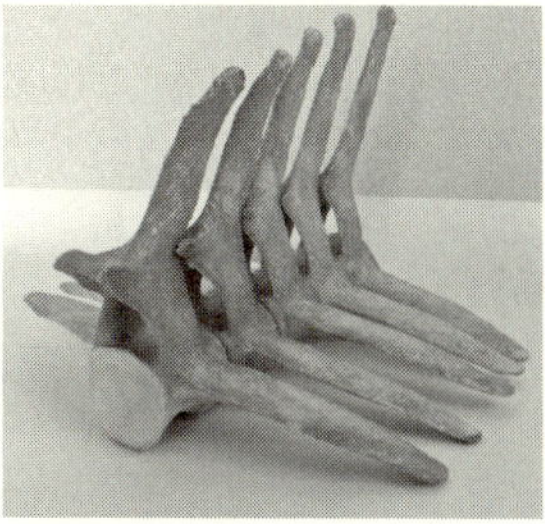
図16　ハンドウイルカの棘突起。背中側に突き出ていてこの両側に大きな筋肉の塊がある

無駄なく速く正確に

解剖の作業には、やはり上手い下手がある。上手な人は、

肉と皮と骨を上手に切り分ける。しかし、あまりに上手すぎると昔は苦情もあったそうだ。なぜなら付着した肉が目的で骨を買うケースがあるからだ。昔は、骨も競りにかけて売っていた。骨をゆでると付着している肉がはがれてくる。この肉を「ホネハギ」といい、大きなシーチキンのようなものだ。見かけによらず結構な量の肉が集まる。

鯨の解剖作業では、「無駄なく速く正確に」が要求されるが、それには作業の熟練が必要である。もし、熟練者グループと経験の浅いグループがそれぞれ解剖をしたら、出来栄えと作業時間において大きな差が生じる。一通りの技術を習得するのに5年、熟練者となるには10年ほどかかるとみてよい。

このように組織を長期的に考え、後継者養成を図らねばならないが、組合員二十数名のいさな組合規模の組織では、なかなか困難である。

この解剖作業は、技術芸能として無形文化財に登録し保存すべきと考える。あるいは、「紀伊山地の霊場と参詣道」が世界文化遺産に登録されているが、これに追加登録するようなことは考えられないだろうか。霊場と捕鯨は、一見何の関係もなさそうであるが、熊野三山の中でも那智山（那智権現）と太地鯨方惣領の和田家とは浅からぬ縁があったという。

いずれにしても、国家的なバックアップがあってしかるべきで、保存のための直接補助があってもいいと思う。国は、文化を守る義務がある。文部科学省、文化庁ができないなら、捕鯨文化を掲げる水産庁は独自にでも守らねばならない。水産庁が守るべきものは、南極海捕鯨でなく、足もとの小さなイルカ追い込み漁なのだ。

こういった具体的な「文化」を継承するために、毎年一定数の鯨を捕ることは国際的にも認められやすいのではないだろうか。

話を広げすぎてしまった。水産庁を含む捕鯨業界のあり方については、あらためて第5章で議論することにして、話を元に戻そう。

そうこうしているうちに解剖作業は進み、肉は床に並べられる。皮は皮だけ、内臓は内臓だけをあつめて大きなコンテナに詰め込まれる。部位ごとに分けて並べられるのは、解剖終了後間もなく始まる競りのためだ。こうして解剖は終盤を迎え、そして追い込み漁一連の作業が終わりとなる。

その頃、だれともなく、肉の一部を薄切りにして解剖したてほやほやの試食会が始まる。ニンニク醤油《じょうゆ》あるいはショウガ醤油でつまむのだが、何十年も食べ続けているはずなのに、時としてニンニクが旨《うま》いか、ショウガが旨いかの議論になる。これに決着がつくことはないのだが、それにしてもこの試食鯨肉は旨い。保存用に冷蔵した物と違って、体温が残っており脂が固まっていないのだ。表現は難しいが、冷やして固まったバターと、トーストの上で溶けたバターの違いになるだろうか。

調査員の仕事

今、漁師の側の視点で解剖作業の一部始終をお伝えしたが、私は水産庁の調査員としても、鯨の解剖作業に立ち会ってきた。

ここで、少し小型捕鯨の調査員の仕事について紹介しておこう。

捕鯨船は、海況さえ許せば日のある時間は、捕獲に努めるので、日の出とともに出航、では遅すぎる。日の出前の明るくなる頃には、漁場に到着していなければならないので、ほぼ真っ暗な日の出1時間前には港を出る。調査員は、捕鯨船の出航を確認し港で待機する。(4) 漁業無線などを時折聞きながら、調査器具のチェック、記録用紙、サンプル瓶などの準備を行う。調査に使用する小刀も入念に研ぐ。イルカを含め鯨類は脂分が多く、鈍《なま》ら刀ではサンプル採取に手間取るうえに、無用な力が入ってしまってケガの危険性も高くなる。

小型捕鯨では、太地を出港後すぐに鯨を発見し、太地から3キロほどのごく近海で捕獲してくることもある。こんな時には、朝8時頃には港に帰港し、解剖作業が始まる。多くは、

図17　調査員によるハナゴンドウの体長計測。2000年6月の小型捕鯨にて

1頭捕獲しても、上積みを狙い、午後そこそこの時間まで操業してくる。[5]

捕鯨船の帰港後が調査員の「本番」となる。まずは水揚げされた鯨の撮影。そして体長（図17）、胴回り、それぞれのひれなど二十数ヶ所の計測。歯、脊椎骨などのカウント。胃内容物の確認。続いて皮膚、筋肉、歯、生殖器官（図18）など数ヶ所からの試料サンプリングを行う。そして、その合間に、捕獲場所、時間などのデータを捕鯨船の船長から報告を受ける。

さらに、調査は、販売のための鯨の解剖と並行して行われるため、ちょっと気を抜くと、サンプリングの必要な臓器が〝臓器山〟に紛れてしまうこともある。そうなると大変だ。鯨肉や内臓の詰まったケースをいくつも探し回ることになる。複数頭の捕獲があった時には同時並行して解剖が進むため、各個体のサンプルが混乱しないよう注意が必要になる。

図18　精巣のサンプリング。ハナゴンドウは体に比して、大きな精巣を持つ。大きなものでは片側7kgを超える。1998年9月の小型捕鯨にて

太地港からは、多い時には3隻の捕鯨船が出港する。捕鯨船は互いが情報を共有しているので、1隻だけが大漁ということはなく、〝大漁〟という時は3隻とも大漁ということが多い。漁師にとっての大漁日は、調査員の調査集中日となる。1頭の鯨をゆっくり落ち着いて調査できることは少なく、3隻の船がそれぞれ鯨を捕って断続的に帰ってくる。しかも2頭3頭と捕えてくることも多い。そうなると、もう、港は修羅場だ。足の踏み場もないくらい、鯨肉と皮と骨でいっぱいになる。3隻の捕鯨船は、それぞれがライバルでもあるので、鯨肉を混ぜるわけにもいかない。調査も、1頭ごとに厳密に行わなくてはならない。

慣れないうちはパニックになる。幸い仕事は2人で行うので、最終的にミスサンプルとなることは滅多になかったが、港の大漁気分に反比例して、調査員はサンプル処理に精根尽き果てる。

小型捕鯨も厳密に捕獲枠は決められており、マゴンドウ50頭を3隻の捕鯨船が3ヶ月かけ

て捕獲する。調査集中日には、最大で11頭を調査したことがある。これからも察せられると思うが、捕獲のない日も多い(悪天候で出漁しない日と、出漁しても捕獲のない日)。無捕獲日が1週間も続いた後、連日4頭、3頭と捕獲が続くように波がある。平均的には、月に15～20日ほど出漁し、その半分ほどの日が捕獲日となる。私は、太地に初めて来たその初日に、最大の大波に当たってしまった。調査項目もわからず、内臓のどれが肺か肝臓なのかもわからず、まさに右往左往しながら11頭の調査を行った。漁場が遠かったのだろう、暗くなってから始まった解剖は、夜半までかかり、調査が終わった頃は、日付が変わっていた。翌朝6時には、捕鯨船の出航確認に行かなくてはならない。

調査初日に、「午前様」を体験した私は、意気消沈した。「これが1ヶ月続くのか……、オレ、もたないかも」と。でも、このハードな初経験は、その後の調査を楽に感じさせてくれた。その後、1日に4頭や5頭の調査ではまったく動じなくなっていた。

小型捕鯨の解剖作業は、捕鯨船の乗組員だけでは手が足りないので、解剖員を雇っている。この解剖員の半分ほどがいさな組合の漁師たちだった。解剖時のやり取りがあったおかげで、追い込み漁に乗せてもらっても知り合いがいたし、追い込み漁で一緒にさせてもらった人が小型捕鯨の解剖係になっている。こんな関係もあり、初夏に調査員、秋に追い込み乗船というサイクルがうまくつくれたのかもしれない。どちらかだけでは、人脈も密度も半分だったはず。本書の執筆にあたっては、記憶の確認と現状把握のために太地で聞き取りも行ったが、追い込み漁へ乗船しなくなって何年も過ぎてから、親しく話をしてもらえたことは、貴重な資産だ。

ここで思い出されるのが、イサムさん（1938年、昭和13年生まれ）のことだ。イサムさんとの出会いは、ゴンドウの解剖現場だった。イサムさんは解剖員として作業を淡々とこなし、私は調査員の仕事にあたふたしていた。解剖員にとっては、調査員は邪魔者以外の何者でもない。本来の仕事を進める上での妨げにしかならないのだ。多くの解剖員は、話もしてくれない。さらには、大包丁を研ぎながらあからさまに「邪魔だ」、と脅されたりもする。そんな中で、イサムさんは、「これ、要るんだろ?」といって、必要なサンプルを取ってきてくれたりする。まるで地獄に仏のような人だった。

⑷現在、小型捕鯨船を使って行われている調査捕鯨の一部では、調査員が捕鯨船に乗船し調査を行っている。
⑸午後は次第に風が強まってくることが多い。風は海面を波立たせてしまうので、探鯨を困難にする。

一方、風のない雨は、探鯨には支障がないので、かなりの雨でもがんばって仕事をすることが多い。風が吹かなければ、日没まで操業（捕獲作業あるいは探鯨）し、帰ってくるので、漁場が近ければ夜7時頃、遠ければ夜9時過ぎての帰港になることもある。

〝見える流通〟と〝見えない流通〟

こうして漁師・調査員それぞれの解剖が終わる。だが、追い込み漁の漁師たちは、解剖が終わってもほとんどの人が帰らない。やはり、自分たちの成果がどのような「市場評価」を受けるのか気になるのだろう。

彼らの〝漁〟が本当に終わるのは、競りの結末を見届けてからだ。残念ながらこの数年、鯨肉価格は下落しており、競りの成り行きを笑顔で見守る漁師は少ない。

競りは太地漁協（現太地町漁協）によって行われ、主に太地に本拠を置く仲買人によって競り落とされていく。

鯨肉を競り落とした業者は、輸送トラックをスタンバイさせており、即刻、各消費地へ送り出していく。

鯨肉の販売先は、太地町内約1割、町外9割で、その内訳は、大阪、福岡、時に静岡が主な地域だ。その先は地域的に細分化されていき、太地では把握しきれなくなる。たとえば、太地の仲買人は福岡の業者に大きなロットで売るが、その福岡の業者は、小さなロットにして、長崎、熊本など九州各地の業者へ売る。

地場消費（太地町内向け販売）は、地元の加工屋が買い入れる分も多く、〝ホネハギ〟や〝うでもの〟などとして加工商品として販売されるものもある。ホネハギについては先述したが、うでものとは内臓をゆでただけのもので、味付けのない牛豚のモツに近い。これをマヨネーズや醤油で食す。見た目は内臓そのままで生々しい。これはおそらく太地独特の一品だ。一パックごとに内容（内臓の部位）の違いが見えるのも楽しい。情報番組で、コラーゲンたっぷりの健康食品として紹介されて、注文が殺到したこともあるが一時の嵐だったようだ。冷凍パックになって土産用にも売られている。

これが一連の〝見える流通〟だが、実は一定量の鯨肉が通常の流通には回らない。〝見えない流通〟があるのだ。

解剖された鯨肉は、非商業的流通分を取り分けた後に、水揚げとして競りにかけられるので、非商業的部分は水揚げには記録されないし、いさな組合でもいちいち重さを量って分配するわけではない。ある意味〝闇〟の部分だ。

この〝見えない流通〟、非商業的流通の存在こそが、日本の捕鯨文化の深さを表しているといえる。つまり、商業とは相いれない部分を多く持つということだ。

商業すなわち、営利目的であれば、金さえあれば買える。高い金額を提示した人に売るのが当然である。非商業的流通においては、金のみでは買えない流通が多く存在する。

先ほども触れたように、「商業的流通」では、地場消費は1割程度にすぎない。これを少なすぎると感じる人は多いだろう。しかしながら、これには、非商業的流通が含まれていない。太地においては、このタイプの流通が地場消費の多くを占める。ここでいう「非商業」とは、決して純粋に無料ということではない。物々交換的な場合もあるし、儀礼的・精神的な場合などもあり、かつては持てる者から持たざる者への施しや、再分配の考え方に近いケースもあったようだ。

非商業的流通の仕組み

実際のシステムはこうだ。

いさな組合の組合員と漁協関係者（合計三十数名）には、太地で好んで食されるマゴンドウ、スジイルカの水揚げがあった時には、一定量の肉の配分がある。水揚げ量にもよるが、いさな組合員にはだいたい2〜3キロ、漁協関係者には、その半分ほどが配分される。これを1次配分としよう。この鯨肉は、一部が自家用に消費されるが、大半は2次配分として、親戚、知人などに配られていく。2次配分も、1人当たりがあまりに少ないのでは格好がつかないので、400〜500グラムを単位に分けられていくようだ。そのため、早い時期に配分される人、待ってようやくもらう人といろいろある。まあ、ここらへんは配る側の性格や、人間関係によると考えていい。

1次配分者三十数名がそれぞれ10世帯に2次配分すれば、それだけで300世帯に鯨肉が届くことになる。太地町は約1000世帯弱なので、約3割の家庭に対して非商業的に鯨肉が流通することになる。くり返すが、このルートの鯨肉は金で買えるものではない。人間関係に基づいて配分されていくのだ。

この非商業的流通について、『くじらの文化人類学』(M・R・フリーマンほか、海鳴社、1989年)では「少なくとも部分的には、鯨肉の流通が現在なお生命力を持ち続けている地域の伝統的商習慣を反映」したものだとし、「この伝統的商習慣は、共同体に確立された社会組織と食物的嗜好と密接に結び付いており、地域の社会文化的制度と経済を維持する役割を果たしている。このような地域的諸制度や経済の維持は、中央集中管理的な流通経路によっては不可能」であり、それゆえ、文化的にも、また地域の経済にとっても意義あるものだとしている。

そのうえで、商業的流通へと流れていくルートに関しても、たとえ金銭の授受があるとはいえ、それは現在の西洋式資本主義経済に典型的に見られる流通過程とは区別されるべきとし、「日本独自の現金経済の中で発達した何世紀もの歴史を持つ商習慣に依存しており、そこには鯨肉仲買人による個人的な人間関係の重視のような『非金銭的な』市場機構が見られる」と述べている。

これに関連した事件が2008年に起きている。調査捕鯨船の乗組員が鯨肉を「横流し」しているとし、環境保護団体グリーンピースが業務上横領として告発した（東京地検により不起訴処分）。一方、グリーンピースが「横流し」の証拠とした鯨肉は、運送会社から許可なく持ち出したものであるため、グリーンピースのメンバーが窃盗などで逮捕されている（こちらは青森地裁で公判が続いている）。鯨肉の「横領」について、なんとなく歯切れの悪いグレーな着地をしたが、これも非商業的流通が乗組員の無意識下にあったのだろうと思う。

調査捕鯨は、第一目的が調査とはいえ、その捕獲のための船団は商業捕鯨と何ら変わることはない。乗組員も、だ。太地と同じく、商業捕鯨では鯨肉の配分があった。組織も、人も、船も商業捕鯨と変わらない調査捕鯨で、「配分」の習慣が廃《すた》れることなく続いたことは容易に想像できる。

これは、だれが悪いということではないのだ。習慣であり、当然の権利であり、それを待っている人がいるということだ。グリーンピースは、20キロを超える鯨肉を「大量に横領」と表現したが、2次配分を考えれば、1年分の分配だ。大した量ではない。リンゴの農家で1シーズンバイトして、リンゴを1箱もらえば、20キロだ。

しかし、調査捕鯨の従事者は、自発的にそれが「調査」であることを〝もう少し〟意識すべきだったかもしれない。調査捕鯨には税金が投入されているし、鯨肉は「できる限り」販売（つまり調査資金に換える）しなければならないからだ。私は、こんな問題で騒ぐこと自体がムダに思う。何の解決にもつながらないからだ。1年でも早く、適正な商業捕鯨の再開を望む。

鯨肉食べ比べ

先述したように、非商業的流通へと流れる鯨肉は種類が決まっていて、マゴンドウとスジイルカだけである。これは太地で伝統的に好まれて食されてきた種類で、客観的な旨さとは異なる面があるように思う。

たとえば、捕獲対象種のうち、太地で最も好まれるのはマゴンドウだ。〝ゴンド〟といえば、マゴンドウのことであり、少し離れてスジイルカ、何歩か遅れてハナゴンドウ、ハンドウイルカで、残りの種の地元消費はごく少ない。この嗜好性の根深さも文化の深さを示しているのだろう。もっとも、ミンククジラ（図19）などヒゲクジラ類は、臭みなどクセが弱いので太地でも嫌う人は少ないようだ。

図19　ミンククジラ。体長約7mになるヒゲクジラ。捕鯨全盛期には、〝小型〟ゆえ見向きもされなかったが、大型鯨の資源枯渇にともない、捕鯨対象のメインになった。商業捕鯨の最後まで捕獲対象で、調査捕鯨でも対象とされているので、この40年間で、もっとも数多く捕獲されてきたヒゲクジラである。写真は2005年1月に太地の定置網に混獲したもの。例年、冬場には1〜2回混獲がある

マゴンドウには、獣臭とも異なる独特の臭みがあるが、食べ慣れるとこの臭いが恋しくなってくる。太地で好んで食べられるのは、〝ゴンド〟と称されるマゴンドウが圧倒的である。

マゴンドウが真においしい肉なのかどうか試す機会があった

ので紹介する。筆者が頻繁に太地を訪れていた時は、毎回、マゴンドウの肉を何キロももらって冷凍して持ち帰っていた。東京に戻り、親しい友人5～6人で鯨肉パーティーとなる。鯨肉のブロックから5ミリほどの厚さでスライスしていく。マゴンドウは血が多く、そのまま溶けていくと血の中に肉が浸る状態になってしまう。それを防ぐために深皿に氷を敷いて、その上にスライスした肉を並べていく。真夏のソーメンのような感じで。醤油皿にニンニクとショウガを好みで混ぜ、あとはひたすら生肉を食べる、酒を飲む。振り返ると、20代だから体が耐えられたような食べ方だったと思う。

ある時、オキゴンドウの肉も手に入った。追い込み漁船に乗り、自分も鉄管を叩き、解剖にも参加し、どこか「戦利品」の気分でもらってきた。これを東京に持ち帰り、マゴンドウとオキゴンドウの2種類の食べ比べの会を催した。結果は、〝経験〟で明確に分かれた。毎回、参加している友人たちは、より臭みの多いマゴンドウを好みオキゴンドウは味がないと評した。他方、初経験者たちはマゴンドウは臭いと嫌い、オキゴンドウばかりを食していた。臭いの好みは文化的な側面が強いといわれるが、たった数回のゴンドウ経験で臭みを好むようになっていたことはおもしろい結果だった。

休漁期の生活

ここで話は変わるが、休漁日や休漁期の暮らしについても、目を配っておこう。

漁師が「明日は商売に行く」という。思わず、「何を売るんですか?」と聞くと、「漁師が魚売らんでなに売るんじゃい」と返された。たしかに、漁師の仕事も、沖で魚を捕ってそれを市場に売ることなので、商売といえる。でも何か違和感が残る。商売には本来、売買の駆け引きがともなうが、魚市場での価格は、競りへの入札者が主導権を握る。漁師が市場に水揚げする時に駆け引きできる余地はない。

いさな組合の漁師たちもいろいろな商売をしている。マゴンドウ以外の捕獲枠が春先に終わってしまうことも多い。そうすると、それ以降、毎日出航することは無駄足になるので、他の漁で出漁している漁船からの情報を待つことになる。そして、自身が出漁し、探鯨と一石二鳥となるのが、カツオ漁である。

2月以降は捕獲許可がゴンドウ類に限られているので、体制が一部縮小する。多くの船がカツオ漁との兼漁をしながら、漁期の終わりを迎える。カツオ漁で40~50キロも沖へ出ていく船が多くある。

4月下旬には「磯開け」がある。これ以降、素潜り漁でアワビ、トコブシ、サザエの捕獲が解禁となり、8月末まで続く。これにも組合員の多くが参加し、夏場の貴重な収入源となっている。

8月には、ふたたび船の出番だ。モジャコ釣りが始まる。モジャコとは、マグロの稚魚(といっても体長20～30センチ)。一本釣りをして、活けておく。これは、マグロの養殖業者が買い取ってくれる。

そうこうしていると、約半年の追い込み漁の休漁期間はまたたく間に終わりに近づき、9月からの新たな追い込み漁期が迫ってくる。追い込み漁の休漁期は、決して休業期間ではないのだ。

これ以外にも、魚釣り、イカ釣り、棒受漁(6)などで商売する人もいる。1年を通して、大方の組合員が複数の漁を行っているが、いさな組合員の本職は追い込み漁であり、その漁期前にはモチベーションも高まってくる。船を船揚げ場に上げて、補修や塗装などを行い、気分一新で新たな漁期を迎える船も多い。8月も下旬になり、今年の水温はどうだの、海流はどうだの、あるいはどこそこでゴンドウを見たといった情報が、いさな組合員以外の漁師の間でも飛び交うようになってくると、もうすぐ初出漁となる。

(6)ボケとも言う。「明日は、ボケに出る」のように使う。集魚灯を用いて、集光性の魚（あるいはイカも）を網で捕獲する夜間の漁である。まず、船の集魚灯を全点灯して、周囲から魚やイカを集める。ほどよく集まったところで、左舷の明かりを消して、右舷側に魚群を移す。魚がいなくなった左舷側に網を下ろして、左舷点灯、右舷消灯する。すると右舷側にいた魚群は光に向かって左舷へ移動する。そしてごっそり網にかかってくれる。

休漁日は休日にあらず

漁期にも休漁日はある。それをどのように過ごすのだろうか。

漁師にとって、休漁日と休日は意味が異なる。これは、追い込み漁に限ったことではないが、漁師には「予定は未定」としかいえない部分が多くあるためだ。たとえば、朝から漁に出て帰りが何時になるかわからない。あるいは、漁期中は、年末年始、祭り（巻末の「太地訪問ガイド」参照）前後などを除いて決まった休みはない。一方で、天候不順が続けば何日も休みが続くことになる。ただし、天気は実際その日にならないとわからないので、余程のことがない限り朝の集合は行われる。

さて、この突発的に生じる「空白」をどのように過ごしているのか。天候が好調で休める日がほとんどなかった後などは、まずは船の整備に取り掛かる。船の航行には問題ないが、エンジン音に違和感があるとか、舵《かじ》の利きがなんとなく悪いとかいう時は、休みの日にメンテナンス業者に来てもらう。船の機関が高性能になった現在、自分で修理している人はいない。これは船内機器についても同様で、無線やレーダーなども漁師自身の手には負えないので業者に依頼することになる。船体そのものの管理、防水シートの補修や船体塗装といったことは自分で手掛ける。あるいは漁師仲間で互いに手伝い合いながら進めていく。漁が休みでも、済ましておきたい仕事はたくさんあるのだ。

船関係のメンテナンスが一通り片付くと、本格的な〝休み〟となる。睡眠不足の解消にひたすら昼寝を続ける人。海から離れられず、釣りに出る人。磯物拾い（岩場にいる貝類などの採取）に出る人。それらの一方で、麻雀、パチンコといった遊興に向かう人もいる。あるいは港のまわりをウロウロして時間を潰している人もいる。バイクが好きな人、パソコンにはまっている人もいるが、成人男性の一般的なところだろう。夕方には決まって、近隣の温泉に出かける人もいる。各々が好きなことをして過ごしている。ちなみに、漁師にゴルファーは稀だ。近隣にゴルフ場もあり、太地でも陸人《おかびと》に愛好者はいるのだが、なぜだろうか。

出漁した日でも、探鯨の結果が芳しくなく、追い込み作業がなければ昼過ぎには戻ってくる。こんな日の午後も半休状態だが、漁師の午後は長くない。港全体の時間の流れが前倒しになっていて、午後3時前には〝夕方〟な雰囲気になってくる。翌朝も早いので、仕事がなければ、4時には風呂、5時には夕食、9時頃には床に入る漁師も多いようだ。

組合のイベント

いさな組合には、漁以外にも組合として共同して行うイベントや作業がある。

組合員の連帯感保持のために行われるのが親睦旅行だ。かつては夫婦同伴で総勢50名を超えるような大規模の団体旅行だった。その間は、漁師の一大集団が不在になるので、港が静まり返るような感があった。組合の帰郷は、喧騒が戻ったことで知れ渡る。とともに景気よく土産を配るので、町内のあちらこちらで旅行先の同じ銘菓名産に出会うことになる。

そんな、町全体の雰囲気に影響するようなイベントであったが、鯨肉価格の下落による収益悪化にともない、参加は組合員本人だけになり、旅行期間も短縮されてきている。それでも、連帯意識を保つ重要性から毎年欠かさず実施され続けていて、２００９年の場合は北海道まで行っている。

その他にも、いさな組合として参加するイベントはいくつかあり、浜清掃や、1月には漁

図20（右）、21　お弓取りで鯨型（図21）を取り合う。老壮若の漁師が入り乱れる。鯨型はセミクジラを模した物といわれている。2005年1月撮影

港前の飛鳥《あすか》神社で行われる「お弓取りの神事」（図20）もある。

秋の例大祭が町を挙げて行われるのに対して、この神事は漁師、漁協関係者、市場仲買人など漁業者中心の神事である。鯨型（図21）を取りつけた的を狙って、神職が弓を射る。その直後、神事の参加者が競って鯨型を奪い合う。これを取った者には、福があるとされ、漁師であれば漁船に掲げて祀《まつ》る。本来は、神職の射た弓が当たった場所で吉凶を占うのだが、太地のお弓取りでは、その占い結果にはあまり左右される雰囲気はなく、どちらかというと鯨型の争奪に参加者も観覧者も注目している感がある。

太地の兄と母

ここまで、出漁から追い込み、捕獲、解剖、流通、そして休漁日にいたるまでイルカ追い込み漁の一連のサイクル

を説明してきた。このうち、陸上で行われていることは、特に隠し立てすることなく自由に見聞することができた。ただし、それも10年ほど前までのことである。現在は、太地近くから畠尻湾までの追い込み作業と、選別作業くらいしか一般には見ることはできない。

決して悪いことが行われているわけではなく、文化的背景も含めて興味ある人にはなるべく多くを見てほしいところなのだが、悪意による利用を避けるためにはしばらくの間、しょうがないことなのかもしれない。幸い、私は良いタイミングで足を突っ込み、おいちゃんらに「コイツはまあ、しょうがねぇな」と思ってもらえる関係をつくることができた。

個人的な感傷になってしまうが、ここで私の「太地の兄と母」について触れさせて頂きたい。

1996年秋、イルカ追い込み漁船へ初めて乗せてもらうために太地を訪れた。その年の夏に、調査員として滞在していた時は、国家公務員（非常勤）としての仕事でもあり、宿泊先（民宿）は確保されていた。秋になり、追い込み漁船に乗りに訪れたのは、まったくのプライベートで、2週間ほどの滞在予定だったので、民宿代は素泊まりでも懐に痛い。幸い、漁協の魚市場には、仲買人（漁商組合）の待機場所として使われる小屋があった。1階、2階とも8畳ほどのスペース。1階の一部は土間づくりで、土足のまま休憩できるようになっていた。この小屋の一部を調査員が使わせて頂いていたのだが、目を付けていたのは2階の8畳間。物置代わりに使われているようだったので、漁協に頼んで寝袋を持ち込んで、泊まらせてもらう算段をした。向かいには漁協スーパーがあり、市場にはトイレもあるので、短期間の生活には困らない。風呂は、町内にある国民宿舎へ借りた自転車で日帰り入浴に日参する。

こんな生活で数日過ごしていたら、漁協のカズさんが「おい、メシ食いに来い」と声をかけてくれた。うれしかったが、数秒迷って「はい」と返事した。誘いは断らないことに決めていたのだが、それでも迷ったのには訳がある。その年の6月に1ヶ月間、調査員として滞在していた。その間、漁協職員の何人かともいろいろ話す仲になった。自宅のバーベキューに誘ってくれた人もいた。でも、カズさんとは1ヶ月間、一言も話をしていなかった。パーマの効いた見た目と、年齢の割に強い方言と、解剖作業の時の荒いリフトの運転が今でも記憶にある。怖かったのだと思う。でも、その時の「はい」の返事が、その後の太地との関わりを何倍も強くした。それ以来、カズさんは私の「兄」である。

カズさんは何といっても顔が広い。漁協職員なので、漁師との関係は当たり前のようにも思えるが、個人的なつながりを最も多く持っている。仲買人や役場職員、さらには太地にやってくるイルカのトレーナーにもなぜか知り合いが多い。これも人望だが、経歴も影響しているのかもしれない。

カズさんは、１９４８年生まれ。高校卒業後、和歌山市の専門学校を出て自動車整備工になり、青春を謳歌する。数年後、勤め先が有田市内に変わり、後に奥さんとなる、ツヤさんと出会う。その頃身につけたボウリングの腕前はセミプロ級だ。結婚前後に太地へ戻り、カズさんは数年間、実家のマグロ船に乗るが廃業。そして漁協の事務職員になっていたツヤさんを追うように漁協へ就職。漁協でも職種の変化はめまぐるしい。当初は、製氷作業の担当だった。続いて、市場の競り、伝票入力、プロパンガスと移り行く。漁師の経験と、整備工の技術と、元来の器用さで何事もそつなくこなす。そして、夏場には休日を使って、素潜り漁に出るが、これも専業漁師に劣らずアワビやサザエを捕ってくる。数年前に漁協を退職してからは、イルカの畜養を手伝うなどしていて（47頁の図12）、まさに何でもできる人だ。

図22　居候先のご夫妻と筆者（左）。2003年9月撮影

カズさんのところで晩ご飯を食べさせてもらって、小屋に帰って寝て、朝起きたら追い込み漁船に乗り込んで、という生活になった。3年目には、寝場所もカズさんの家に移してしまって、完全な居候生活をさせてもらってきた。こんなにまで受け入れてくれたのは、ツヤさんの存在が大きいのだろうと思う。いくら旦那さんに誘われても、奥さんが歓迎せざる雰囲気を出していたら何日も泊まれるものではない。鷹揚に対応してくれて、気兼ねなく居候させてくれるツヤさんは、まるで、「母」だ。カズさんの家に居候中に、女の子と食事に出たことがある。「晩御飯は、外で食べてきます」とツヤさんにいうと、「あんた、調子にのって、奢《おご》ったったらあかんで（いい気になって奢りまくっちゃダメよ）」と真顔で釘をさされた。やっぱり母だ。

寝食を依存してしまったのは、さすがにカズさんの家だけだが、ご飯を食べさせてくれたり、スナックに連れ出してくれたりするおいちゃんが何人かいる。それこそおいちゃんたちに何のメリットもないのに、いろいろと誘ってくれることは感謝に堪えない。

人間関係づくり

人間関係づくりというのは、積み重ねでもあり、何かひとつのきっかけで進む場合もあるが、紹介が重きをなすことも社会ではしばしばあると思う。

しかし、この町では、「紹介」というのはなかなか難しい。紹介されたからといって、信頼してもらえるかというと、互いの人間関係がつくれないとまず難しい。

人を介して紹介してもらっても、そもそも興味を持たれることはまずない。「ふぅん」と生返事をもらえれば良しとしなければならない。無関心なのか、シャイなのか、じつは寛容なのかわからない。それでも、紹介されることでその場に存在させてもらえることは大きい。あとは、なんとなく傍《そば》にいて、〝動き〟で自分をアピールしていくことになる。

ここで困るのは、相手が何者であるかを知らない場合だ。相手が自己紹介してくることはあり得ない。間違いなく初対面だという自信があれば、「今日はどうですか?」「今は何が捕れます?」などと当たり障りのない挨拶もできるが、それまでに何度か顔は見たことがある人だと余計に困る。さらに、なんとなく地位のありそうな人だったりするとますます困る。たとえば、「組合長」や「議長」が組織ごとにいるので、そう呼ばれている人が複数おり、しかも議長より実権のありそうな大御所がいたりする。

そんなわけで、肩書に依拠しない人としての立ち居振る舞いから、その人の〝社会的実地位〟を見抜こうとしてきた。この努力は、結果的には大きな間違いがなかったことと、そもそも実際、肩書はほとんどないような社会なので、その人の人徳がやはりその人の立場をつくることをとても実感できて、その後の人間関係づくりに大いに役立ったと思っている。見かけはただのおいちゃん、しかし実地位の高さを感じさせる、そんなひとりにキンさんがいた。

代々、加工屋を営んでこられた方だ。地元の加工屋は魚市場での競りに参加して、直接鯨肉を買い付け、加工場へ自分で運びこみ、そこで作業する。

もともと、加工屋さんと調査員の関係である。本来、私とはまったく接点がなくてあたりまえなのだが、何か惹かれるものがあったのだろう。調査員の仕事は、暇な時も多く、そんな折に魚市場をウロウロしている。すると同じように何の用事もなく（少なくともないように見える）港や魚市場の周りをウロウロしている漁師や関係者が数人おり、その中の1人、キンさんと毎日のように出くわした。そしてなんとなく話をするような関係になり、昔話などを聞かせてもらった。

漁業関係者にしては、珍しいくらい物腰の穏やかな人で、安心して話のできる人だった。かつて太地で使われていた〝天渡船〟の由来（111〜113頁を参照）や、鯨類の地元名（コラム2を参照）をいろいろ教えてくれたのもキンさんだった。

こんなキンさん、解剖の技術は確かなもので、町外で鯨類の座礁があると、鯨体処理に呼び出されるほどである。しかし、太地での解剖作業には関わらない。仕事の分担ということもあるのだろうが、滅多に口を出すこともない。しかしそれは、無関心だったりするのではなく、あたたかく見守っているのだとそのうち気付いた。解剖の手順であるとか、肉の切り出し場所であるとか些細《ささい》なことで、言い合いになることがある。そうすると、傍で見ているキンさんが「こうしたらええ」と二言三言いう。すると、皆納得して、そのように仕事が進んでいく。口を挟むと余計騒ぎになる人もいるのだから、こういうあしらい方ができるのはやはり人徳だ。

こんな素敵な古老だったキンさんは2009年1月、78歳で亡くなられた。心からご冥福をお祈りする。加工屋は現在、お孫さんが後を継いでおられる。

人間関係が豊かになると、その分、別れも多くなる。太地に通い始めた15年前、小学生だった子が成人し漁師としてがんばっている、あるいは若手漁師だった人が幹部に成長している。これはうれしいことだが、それだけ時が流れたということなのだろう。

鬼籍に入られた方も増えてきた。もう少し昔話を聞いておけばよかった。

そこで、次章では、おいちゃんたちから聞き取った貴重な証言や記録に基づきながら、日本捕鯨史について書き留めておきたいと思う。

【コラム：イルカの行動観察学2】　標準名と地元名

コマッコウという鯨類がいる。正確には、コマッコウ（pygmy sperm whale）とオガワコマッコウ（dwarf sperm whale）という2種類があり、それぞれ体長3・3メートル、2・7メートルほどと小さい種類だ。とくにオガワコマッコウは最小の鯨ともいわれる。dwarf（矮性）とついているのだから、そもそも鯨whaleであることを否定しているようなものともいえる。

このコマッコウ、太地では〝コマッコウ〟を意味しない。マッコウクジラの小さなものを意味するのだ。それで、標準名としての〝コマッコウ〟のことは〝ツナビ〟と呼ぶ。

これが非常にややこしかった。沖から帰ってきた漁師と話していると、「今日はな、ツナビがいくつもいた」という。この地元名を知らなかった私は、うんうんと話を聞いて、部屋に戻ると急いで図鑑を見る。ツナビという項目はないのだ。聞き間違いかな、と思い翌日もう一度話を聞く。「ツナビはツナビやで、ツナビも知らんのかぁ?」と小バカにされる。口惜《くや》しい思いで漁協でも聞いてみる。「ツナビなぁ、あれはあんまり大きぃないで。

で、潜るとな、何か赤っぽいモン出すんや。それと今は捕らん」。親切にコメントしてくれるが解決にはならない。

仕方なしに図鑑の記述を隅々まで読んでみると、コマッコウのページにようやく見つけた。「別名ツナビ」ともいうそうだ。やっと納得。

この図鑑『鯨とイルカのフィールドガイド』(大隅清治監修、東京大学出版会、1991年)には、別名が多く記載されており、太地でのコミュニケーションにはとても役立った。たとえば、太地でいうクロ、アラリ、マイルカ、キュウリは、それぞれバンドウイルカ、マダライルカ、スジイルカ、オキゴンドウを意味する。

ハンディな図鑑で非常に重宝していたのだが、2009年に新版(同監修)が出た。1991年版よりも一回り大きくなり、写真も豊富になり、形態や生態に関する情報も充実した。しかし、別名の記載は多くが削除され、ツナビやクロといった情緒あふれる名称はその文字さえなくなってしまったことはとても残念だ。

地域名の豊富さは、その動物と人間の関係の深さを表すもので、文化風俗の基礎的な情報でもある。また、このような地域名・別名は日本独自のものであり、翻訳図鑑で採用されることはないのだから、純粋国産の図鑑としては積極的に扱ってほしい事項である。

ところで、新版では、オガワコマッコウの項に「驚くと潜水して身を隠す前に茶褐色の糞を放出し、煙幕を張る」と記述が加えられ、ツナビについておいちゃんが教えてくれた生態の確かさを感じた。

新版のフォローもしておこう。〝ヒゲ〟は、どうしても男性のヒゲを想像させてしまうため、ヒゲクジラのヒゲについて、現物を見ずに理解することは難しい。どういうふうに生えているのか、これをどう使ってエサを食べるのか、そもそもヒゲがどういうものなのか、鯨に興味があってもさっぱり理解できない人が多いだろう。

この図鑑の新版で用いられている写真とイラストは、〝ヒゲ〟の理解にかなり役立つ。これを読んだうえで、どこかでザトウクジラの捕食シーンの動画を見れば完璧だ。

3章　太地発、鯨と人の400年史——古式捕鯨末裔譚

保護団体との10年史

「あいつらはホンマ、やくざやで。ちょっと、ぶつかると大げさに転んで、『いてててヤラレタよ〜』と叫んでそれを撮影させる」

「とにかくいうことを聞かない。〈立ち入り禁止〉と英語でも書いてあるのに、平気で入ってくる」

外国人を中心としたいくつかの環境保護団体、動物保護団体が太地へやってきている。そういった連中をどう思うか、いさな組合の漁師たちに尋ねると、冒頭のようなコメントが返ってきた。「鯨を取って何が悪い！」という思想的な返事がもらえると期待していたら、ど

うやら反捕鯨活動の趣旨よりも、やり方がセコイことに苛立っている印象を受けた。だれに対しても「捕鯨文化を押し付ける気はさらさらない」という太地の人々の意識をここでも見いだすことができるだろう。異なる考えを一致させることはできない。異なることを認めていくしかないのだ、

保護団体の何が困るって、押し付けてくるところだと漁師たちは口々にいう。「俺らは、鯨を食べることをだれにも押し付けない。食べたい人が食べてくれればそれでいいんだ」。

始まりは2001年。2人組の外国人が太地の港のあたりをウロウロするようになった。初めのうちはあまり気にも留めず、追い込み漁師も適当に相手をしていたし、漁協にも出入りして、世間話などしていたようだ。思い返せば、この頃は偵察だったのだろう。とくに問題になるような行動もなかったという。それが、2年目3年目となると、様子が変わってきた。人が増え、入れ替わりも多くなった。02年、外国人グループの行動に違和感を覚え、その行動の様子見をしている隙《すき》を狙われて、追い込んだイルカの網が切られた。これを契機に、対立姿勢が決定的になっていく。

明らかな破壊行為は、これだけで終わったが、彼らの手段はアピール重視に変わっていった。04年には、サーフボードでイルカが追い込まれている畠尻湾に集団で乗り込み、イルカ

の捕獲を妨げようとしたので排除した。05年以降は、撮影中心となった。捕獲（捕殺）の様子、解剖の様子を撮影しようとするので、警察、地元自治体と協議の上、現場を立ち入り禁止にしたが、いうことを聞かず、強行しようとするので、時に揉み合いになる。すると、それを撮影し、海外メディアに流すという手法をとられた。

いさな組合としては、法に従い、許可された鯨種を許可された範囲で捕獲していた。何の後ろめたいこともなく、何十年も続けてきた。その仕事を突然、しかも世界から批判されたのだ。憤りと混乱と焦りといろんなものが入り混じったに違いない。対抗措置として、こちらもビデオ撮影で全貌を記録しようとするが、それを広く伝える手段がない。そんな憤懣《ふんまん》やるかたない状況の繰り返しだった。

図23　生粋の太地漁師。2人とも追い込み漁の立ち上げからの最古参のメンバーだ。遠くからでも「セキグチぃ」と呼びつけられる（呼びつけてくれる）

　批判には、まっすぐに対処してきた。水銀量の危険性をいわれれば、漁協といさな組合が積極的に調査を進めた。もちろん、インタビューされれ

ば、太地の捕鯨の歴史をつぶさに語った。とくに、捕殺方法については批判も多いが、外部から指摘されるよりも前に、自発的に捕殺方法の改善に取り組んできている。批判されたがために変えたように見えるかもしれないが、保護団体による「批判」といさな組合による「改良」がたまたま時間的に一致したまでのことだ。でなければ、指摘された途端に捕殺方法を変えることなどできない。決して、保護団体による圧力を受けて「改良」が進んだわけではないが、自発的な努力を評価されることもない。

それなのに、太地町、漁協、いさな組合の努力は報われず、10年近くの太地での映像記録と、明らかに太地以外のイルカ漁の映像、そして撮影場所の確かめようのない映像を貼り合わせて、いかにもらしく話がつくられたことは遺憾だ。

この章では、おいちゃんたちが営んできたイルカ漁の真実を知って頂くためにも、日本捕鯨400年の歴史を太地からの視点でひもとくことにしたい。

図24　「太地浦捕鯨絵巻」の一部。網を切って逃げ泳ごうとする鯨。漁が失敗した様子ではない。網で鯨を巻き取るつもりは更々なく、網は切られるもので鯨の動きを抑えるためのものとして用いられた。（所蔵・提供／太地町立くじらの博物館）

古式捕鯨とは？

古式捕鯨、その名前の響きにロマンを感じる人もいるだろう。あるいは、江戸時代の捕鯨の様子を描いた鯨図（図24）を見て、水軍さながらの船団規模に驚く人もいるかもしれない。

古式捕鯨について簡単に説明しておこう。捕鯨銃が導入される以前の、「突き捕り式」と「網捕り式」による漁を指す。

ただし、これらふたつとも、名称が誤解を生んでいるのではないかと思われるフシがある。

まず、「突き捕り」。磯遊びを好む人は「魚突き」の突く様子を想像するのではなかろうか。あるいは、剣道、フェンシングの「突き」を思い浮かべるかもしれないが、これらは手持ちの剣や、槍を手に持ったまま突き刺すもので、突き捕り式捕鯨の突きとは異なる。突き捕りは、銛《もり》を「槍投げ」のように上向きに投げて（101頁の図26）、落下地点で突き刺さるものだ。その飛距離は10〜15メートルにもなる。これはまったく致命傷にはならない。殺すためではなく、逃げないように捕まえるための銛打ちが突き捕りの早い段階の仕事となる。

「網捕り」についても誤解は大きい。網を使って鯨を巻き捕る姿がイメージされがちだ。ところが、網捕り式は決して網を最終的な捕獲器具とするわけではない。網を使って、突き捕り作業をしやすくするのである。このように、網捕り式とは捕殺方法の変化ではなく、突き捕りを補助するための道具の進化である。

突き捕りも網捕りも、投げた銛だけで鯨を仕留める（絶命させる）ことはできず、多くの銛で弱ってきたところを見計らい、直接、鯨に切り込まなくてはならない。そのため、鯨方の捕獲作業が命がけであることは、その終焉まで変わらなかった。

この「網捕り」は、1675年（延宝3年）に考案されて捕鯨に飛躍的な発展をもたらした。これを創案したのは、当時の和田家当主であり、近隣20村を束ねる大庄屋でもあった和田頼治である。『日本捕鯨史話』（福本和夫、法政大学出版局、初版1960年、新装版19

93年）では、「丹後伊根湾（筆者注：京都府伊根町）における楯切網（同：断切網）の捕鯨法」に暗示されたとしており、さらに同地で行われていた「鰤追網《ぶりおいあみ》」にも大いに影響されたであろうと示唆している。鰤追網は、棒を使って船べりを叩きながら鰤を追い立て、網に追い入れるもので、楯切網との組み合わせが網捕り式捕鯨への強いインスパイアになった。

追い込み漁そのものは、自然発生的な側面が十分に考えられるが、その技術的な部分は、「棒を使って船べりを叩く」ことにある。鰤追網をもとに網捕り式捕鯨が発展し、江戸期を通じて隆盛を誇ったが明治期には壊滅したとする文献も多いが、追い込みの技術は絶えなかった。古式捕鯨という〝華〟の陰で、詳細に記録されることもなく細々とではあるが、ゴンドウなどを対象とする追い込み漁は古式捕鯨全盛期にもあったはず(1)で、太地いさな組合の結成はそれを専業化しただけで、技術的にあるいは文化的に新規なものではない。

ところで、古式捕鯨においては、殺しの手順こそが最も形式に従って行われた。銛を打つ順番、刀を使う順番など細かに決まっていた。一撃で絶命させる「パンコロ」が最も上等とされる捕鯨砲の捕殺方法と比較すると、古式捕鯨は、徐々に弱らせる方法をとる。弱ったところに大刀を使って最後の一刺しを振るう。体力の残っている鯨に大刀を使うと、痛みに耐えかねる鯨が大暴れして、人的・物的被害が大きくなる。そのため、銛や小刀で出血を進ませてから、大刀を使う手順になっている。

残念ながらこの古式捕鯨は今は伝えられていない。しかし、捕鯨の文化は脈々と伝えられている。その現在形が、イルカ追い込み漁だと私は考えている。

(1)大型鯨を対象とした古式捕鯨は、秋～初冬と春が中心となる。一方、ゴンドウは初夏と初秋が中心であり、古式捕鯨とは時期的に重ならない。そのため、人員的に余裕がある夏場は、機会さえあればゴンドウ捕りに力を入れたことは容易に想像できる。

古式捕鯨と追い込み漁

ところが、現在の捕鯨と古式捕鯨のつながりを疑問視する向きがある。

たとえば、太地におけるイルカ追い込み漁は、太地いさな組合の発足から40年程度の歴史しかない。さらに追い込みの手法は伊豆半島から取り入れた部分もあり、古式捕鯨とは何ら関わりがないという意見だ。

あるいは、小型捕鯨について「小型沿岸捕鯨の現状」という報告でも、「ミンククジラ捕獲開始は1900年代であり、大型捕鯨の補完的な役割を担ってきたのであって、地域のニーズや文化と直結するものではない」と結論付けており、加えて、ミンククジラの漁場である三陸や北海道沖などとの距離が遠いことを問題視している。

しかし、船は獲物を追ってどこまでも行ける。水揚げできる近い港に降ろせば、消費地へは陸送できる。捕れるものを捕り、食べられる物を食べるという柔軟性が生活に根付いた文化だろう。必要なのは鯨であって、ミンククジラに特定されるわけではない。制限された中で結果的にミンククジラを捕ってきたのだ。もし、太地の捕鯨船に対して、太地周辺に限って種を問わず操業が許可されれば、ミンククジラ、マッコウクジラ、ニタリクジラ(2)をそれなりに捕獲できることは間違いない。

伝統は不変だという思い込みがあるのかもしれないが、形式が重んじられる伝統儀式と日々の糧に直結する捕鯨は異なる。漁を目的としたものである以上、新しい技術は取り込まれていく。大出力エンジンを積み、効果的な捕鯨砲を用いる。これらは、捕鯨技術の入れ替えではなく、発展のひとつなのだ。

イルカ追い込み漁が、古式捕鯨からつながることを理解することで、現在の捕鯨に対する見方が変わるとともに日本の文化そのものの理解も広げることができる。追い込み漁の文化伝統の意義を正しく理解することで、「イルカがかわいそう」という単純な感情論から脱して、自分の属する文化に対する愛着を高められると同時に、他の文化に対する視野も広げることができるだろう。

この点の理解を助けるために、まったく違う例を考えてみる。たとえば日本人は、何の気なしに餅を食べるが、餅の文化を知ることで、この餅の存在が、日本とアジアをつなぐものだと知ることができる。照葉樹林文化論では、餅が東アジアの照葉樹林帯の一部に特有の食品形態であるとされる。さらには、日本では餅をつくための杵《きね》は横杵だが、アジア的には特殊で、横杵を使う文化と餅文化とが一致するといったことを知る。餅の存在は、些細な腹の足しから、たとえば、中国貴州省ミャオ族などのアジアへ思いを馳《は》せるきっかけに変わるのだ。餅に対する愛も深まるというものだ。

文化とは司馬遼太郎も定義しているように、不合理なもの、普遍的ではないものだ。理解することはとても難しい。そうであればこそ、理解できていないものを評価すること、しかも否定的に評価することは相当慎重に行わなければならない。古式捕鯨と現代の捕鯨の文化的な連続性がない、と決めつけてしまったら、それ以上の理解が進まなくなる。

(2)体長約13～14メートルになるヒゲクジラ。イワシクジラに似ているために、ニタリ（似たり）クジラと名付けられる。1954年までは、捕鯨統計上もイワシクジラに含まれていた。ミンククジラと同じく、商業捕鯨で最後まで捕獲対象種とされていた。

100年の記憶

文化的な連続性の証拠としては、実際、家系的なつながりや非商業的な肉の配分（2章を参照）などいくつも挙げられるが、ここでは私が実感した古式捕鯨との連綿としたつながりを紹介する。

図25　大背美流れの記念碑。太地湾を見下ろす高台に設置されており、「漂流人記念碑」と書いてある

太地を初めて訪れた1996年、現地に対する何の情報も持たず行った。聞く話、やることなすことがすべて初めてのことばかり。そんな中、おいちゃんらが昔話をしてくれる中で、何度か耳にしたが、さっぱり理解できない単語があった。それが「せみながれ」という言葉だ。

話の流れから類推すると、どうやら、セミクジラ[(3)]を捕ろうとして失敗して事故があり亡くなった人があった、ということらしい。おいちゃんたちは「あの時はなぁ（大変だった）」とか「あれ以来（捕鯨が）あかんのよ」などと10年くらい前の事故のように話してくるので「そうでしたか、大変でしたね」と相槌《あいづち》を打つ。

ある時、「せみながれの供養碑（図25）、見てないだろ?」といわれて、連れて行ってもらう。古いな、という第一印象。10年じゃないのか、もっと前か? と思いながら、石碑の解説板を覗きこむ。「ん? 明治11年、って! あのおいちゃん生まれてないやん!!」と心の中で叫ぶ。

後日、おいちゃんと会った時にふたたび「大背美流れ」を話題にすると、記憶の強さが時間の長さを超えていると感じた。本人の体験でなくてもかまわないのだ。100年以上の時間が経っていても文化的に引き継がれる体験談はまだまだ色あせないのだ。この人たちは、未だ古式捕鯨の頃と変わらない意識の中で生きている。まさに古式捕鯨の末裔であると感じた。

実際は、この大背美流れで多くの人材を失い、また鯨の減少もあり、古式捕鯨は遭難事故後、数年で終わりを迎えている。

しかし、捕鯨に関わっていた漁師の半分は生き残った。減ったとはいえ鯨もいた。あるいはゴンドウ、イルカもいた。古式捕鯨は終わっても捕鯨文化は引き継がれ、追い込み漁へとつながっていくのである。

⑶体長約18メートル、体重90トンほどになる、ずんぐりむっくりしたヒゲクジラ（ほぼ同じ体長に成長するイワシクジラは、体重45トン）。泳ぎが遅いため捕獲が容易で、捕獲後に沈むことがないので扱いやすく、そのうえ大量の鯨油が採集できるので、捕鯨の早期に乱獲が進んだ種である。詳しい報告はないものの、北太平洋全体の生息数は、数百頭とされる。捕鯨漁師さえもセミクジラを目撃した日は興奮気味に状況を話すほど、その出会いは稀である。

刃刺し職に語り継がれた逸話

イルカ追い込み漁と古式捕鯨の連続性について、さらに検討を続けたい。

「断切網《たちきりあみ》捕鯨法」というものがある。『くじら取りの系譜』（中園成生、長崎新聞新書、2001年、2006年改訂版）によれば「断切網という漁法は、近世以降、海豚を取るために各地で用いられているが、要するに、湾に入り込んできた鯨を、湾口を網で仕切って逃げないようにしておいて、さらに湾奥に追い込んで網で仕切ってから取る方法」と解説されていて、イルカ追い込み漁のプロトタイプが、300年以上前に京都や山口で行われていた記録がある。

太地においては、「和歌山県太地では、コビレゴンドウの追い込みをともなう完全な追い込み猟は１９６９年まで始まらなかった」と、イルカ・クジラ保護協会の報告書「Driven By Demand」には記されている。しかし、後述するように、追い込み漁という漁業形式は、鯨類に限らず多くの水産資源を対象に普遍的に行われてきたものであり、太地においては寄せ物としてのゴンドウ捕獲も記録されているので、「江戸時代には、イルカ、ゴンドウ、シャチその他の小型鯨類がモリと網を用いて捕獲されていた」（『くじらの文化人類学』）と捉えるほうが妥当だ。

古式捕鯨期のイルカ追い込み漁について、何らかの証拠が欲しい。今も昔も日々の生活は記録に残されにくい。当時、セミクジラなどの大型鯨は１頭300両もの売り上げになることが記録されており、これに比べれば、〝日銭〟程度にすぎないイルカの捕獲は、「記録すべきこと」に値しなかったのかもしれない[(4)]。

記録がなければ証言が欲しいと思ったが、古式捕鯨の終焉からも130年が過ぎている。今さら証言も何もないか、とあきらめかけていた時、刃刺しの家系だと話していたヨージさんを思い出した。あらためて話を聞くと、やはりその家系でなければ聞くことがなかったであろう逸話が出てくる。

ヨージさんの家系は、祖父の代まで鯨方刃刺し（古式捕鯨における世襲職で、各勢子船に1人ずつ乗り込み、指揮するとともに手銛を投げる役割を担った）をされていた（刃刺し職は世襲）。父親が東京へ出て仕事をしていたので、ヨージさんは東京で昭和16年に生まれている。信州への疎開生活を経て、一家で太地に帰郷したのが5歳。古式捕鯨のことを含め、昔話の多くは祖母に聞いたそうだ。祖母は刃刺しとしてのご主人の活躍を間近に見ているので、ヨージさんは、古式捕鯨の話を直接耳にしていることになる。

図26　古式捕鯨の刃刺しの像。くじら浜公園に設置されている。銛を突くのではなく投げる様子がわかる。左後ろの船は、南極海捕鯨で活躍した「第11京丸」で、資料館として公開されている

ヨージさんは「鯨漁のない時にゴンドウを捕るのはあたりまえだったと思う。捕れるものは捕るのが漁師だからね。追い込むこともあったとは思う。でも、多くは沖で直接突き捕りをしたんじゃないかな。大背美流れは、古式捕鯨の終わりのきっかけになった。でも、鯨捕りがだれもいなくなったわけではない、生き残った人はいたし、船も減ったとはいえ残

っている。そんな状況で、大型鯨は相手にできないけれども、ゴンドウを捕って日銭を稼ごうとしたことは間違いないだろう。突き捕りは一隻の舟でもできる。数隻の舟があれば〝うとい(賢いの反意語、のろま、あるいは愚鈍の意)〟ゴンドウを追い込むのは技術的に難しかったとは思わない」と語ってくれた。

やはり、イルカ追い込み漁は、古式捕鯨から連綿と続く流れの中のひとつの形なのだ。

⑷太地では、周期的に起こる南海地震などの震災や大津波、あるいは火災などでたびたび町内が壊滅的な被害を受けており、記録されていたとしても、失われている可能性が高い。『太地町史』から災害記録を抜き出すと、17〜19世紀の300年間に、地震・津波の被害が10回、町内大火が3回、その他にもしばしば流行病、暴風雨の被害がある。余談だが、「1864年夏　大鮫近海に押し寄せて不漁」との興味深い記録がある。大鮫の出現が、なぜ不漁を引き起こすのかというと、鮫を怖がった漁師が船を出さなかったためらしい。

イルカ追い込み漁が完成するまで（1）突き捕り、網取りの時代

ここから時系列にそって、イルカ追い込み漁が完成にいたるプロセスを追いかけてみるこ

とにする。

獲物を追い込み、一網打尽を狙う捕獲方法——追い込み漁——は、世界各地でさまざまな形で行われてきた。

たとえば、沖縄の「アギヤー」と呼ばれる漁法では、浅瀬で水面を叩いたり、擬音を発して魚を威嚇《いかく》しグルクン（標準和名タカサゴ）などの魚を網へ追い込む。あるいは、中世に発達した「巻狩り」も勢子を用いてシカやイノシシを弓で打ち取りやすいように開けた場所へ追い込むものであるし、猟師が猟犬を使うのは獲物を追い立てるためである。

人ばかりでなく、イルカも追い込み漁をする。ブラジルのラグーナ（Laguna）という街近くの川では、ボラの群れをイルカが浅瀬に追い込むことが100年以上前から知られている（人はイルカが追い込んだボラを一部横取りする）。

このように自然発生的に行われる捕獲方法であるため、イルカなどを対象とした追い込み漁が、いつ頃から行われていたものであるかは明らかになっていない。しかし、『くじらの文化人類学』からふたたび同じ箇所を引用するが「江戸時代には、イルカ、ゴンドウ、シャチその他の小型鯨類がモリと網を用いて捕獲されていた」と捉えてよいだろう。

太地では、1878年（明治11年）、先述した大背美流れにより古式捕鯨は壊滅し衰退したとされるが、古式捕鯨が行われていた頃でも、機会があれば太地の漁師たちは、ゴンドウなどを捕っていたはずで、同書にも「ゴンドウ鯨漁は、大規模な集団作業を必要としないので、網捕り式捕鯨の合間に行う補助的な漁として適していた。網捕り式捕鯨が１８７８年の大遭難で崩壊してからは、太地の漁師たちの努力は、ゴンドウ鯨漁にふり向けられた。ゴンドウ船（テント船と呼ばれる）は、網捕り式捕鯨の勢子船よりも小さな５人から７人乗りの舟で、手モリを使ってゴンドウ鯨やイルカ類を捕った。太地の漁師はまた、網を使った追い込み漁でもゴンドウ鯨を捕っている」と、書かれており、少人数・小組織で対応可能なゴンドウなどを対象とした漁を、突き捕りでも網捕りでも状況に応じて使い分けて行っていたと推測できる。

古式捕鯨は夏場の約５ヶ月を休漁期間としていた。５ヶ月もの期間、400～600名にもおよぶ鯨方が何もせずにいたとは考えにくい。「捕れるものは捕る」のだ。加えて、ゴンドウ、とくにマゴンドウは、春～秋が捕獲の好期とされていて、古式捕鯨の漁期の合間を上手く埋める。夏季を農作業で過ごした可能性はありえない。１８１８年の記録で人口２３９９人の太地村は、石高わずかに160石だけで、漁業への依存の大きさを物語る（隣の森浦村も漁村だが人口132人、石高53石）。こういった状況証拠がゴンドウ鯨漁が存在してきたことをさらに支持する。

イルカ追い込み漁が完成するまで（2）捕鯨銃の発明

突き捕りでも網捕りでも古式捕鯨では、鯨の捕殺方法はあくまで、人の手による突き殺しであり、そのために人命を危険にさらしながら操業していた。砲殺法の開発発展は、いわゆる（大型船団で大型鯨を対象に行う）捕鯨業の発展に寄与したことは、多くの文献等で周知されているが、同様に、小型の船で少人数で小型鯨類を対象とする場合にも大きな変化をもたらした。

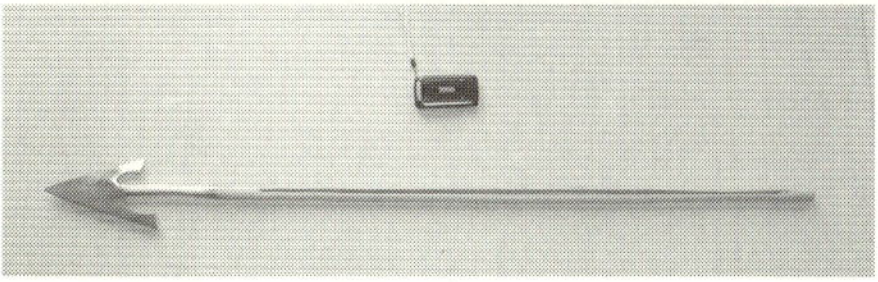

図27（上）、28　5連式の前田式捕鯨銃と、その開発者・前田兼蔵氏（所蔵・提供／太地町立くじらの博物館）。図28はこの銃で用いる銛で、長さ約120cm、重さ約3.5kg。この銃を小型船の前甲板に据え付けたものが天渡船。ミンク船では3連式を用いた

ここで、太地のゴンドウ漁、イルカ漁にとってまさに「革命」をもたらした前田式捕鯨銃（図27）について、少

し詳しく紹介しておこう。

太地出身の前田兼蔵氏が発明したこの銃――『太地町史』によれば正式には「前田式連発午頭銃」の名称で特許を取ってあるそうだ――は、銃と名前がつくが、手持ち発射式ではなく、舳《へ》先《さき》近くに据え付けて使用する「砲」といった方がイメージに合う。１９０３年（明治36年）に開発が成功し、前田氏は自分自身が砲手となり、その10月より出漁してその年内の２ヶ月強で36頭を捕獲している。これは当時とすればもちろん、現在においても１隻が１ヶ月間に10頭捕れればかなり順調であるから、驚異的な漁獲数である。

この捕鯨銃の開発以前に、猟銃の改造による捕鯨銃が実用化直前まで進んでいたが、開発者である竹村京次氏の事故死により頓挫していた。前田氏は少し遅れて開発に着手したようだが、その動機が興味深く「一発で一挺の銛が飛び出す捕鯨銃では命中率が低いと考え、これを改良して一発で複数の銛が飛び出すように工夫し、その命中率をあげようとした」（『太地町史』）のである。その苦心の結果が、３連発小型捕鯨銃として完成し、先述の36頭の捕獲に至っている。

この時、前田氏はまだ26歳。若き開発者の情熱はこれにとどまらない。翌１９０４年（明治37年）には、５連発銃を完成させ、さらに10連発銃の試作計画まで立てている。さすがに、

10連発銃は「試射してみた結果、あまりにも銛数が多く銛綱がからみ合って、銛が飛ばずそのうえ命中率も悪かったので断念した」（『太地町史』）そうだが、完成度の高い5連発銃はその後60年近く使われ続けたことからも、その有効性を知ることができる。

現在の捕鯨船が使う捕鯨砲は、1本銛であるが、その装填の際には砲身の掃除（煤《すす》払い）を毎回行うなど、気を遣う。前田銃ではこれが5倍になる。いや、1本が不発だと、全体が飛ばないことになるので、さらに何倍もの神経を張り詰めて装填作業に当たる。それでも、ミスは起こる。ただの不発で終わればよいが、事故となったことも長い歴史の間にはあった。

私はこの前田式捕鯨銃に関して、ふたつの疑問があった。

ひとつめは、「連発」がイメージできなかったことにある。連発というと、回転式拳銃の〝6連発〟のように、バンバンバンと、装弾数を続けて発射できると想像してしまう。しかし、捕鯨船で沖に出てみると、とても連発できる状況ではないのだ。1発発射すると、その群れは海面から逃げて一斉に潜水してしまう。

実は連発銃は、連発でなかった。1度の引き金で5本の銛が飛んでいく仕組みとなっている。複数の銛が同時に飛び出すことで、大きい獲物には間違いなく命中し、小さな獲物なら複数を同時に捕獲できる可能性が高まる。これが前田式捕鯨銃の金看板だった。これを知り、

図29　ナガスクジラ。20mを超す大型種。ヒゲクジラの仲間でオキアミや小型魚の群れを掬うようにして食す。写真は太地の定置網に混獲したもので、解剖場からはみ出すほどの大きさ。右手前が口で、細かい縦線に見えるのがヒゲ板の1枚1枚。白い腹部に見られる何本もの線は畝《うね》で、これがエサを食べる時にアコーディオンのように広がって大きな網のようになる（提供／太地町漁業協同組合）

今さら名称に異議を唱えてもしょうがないことだが、連発銃の〃発〃を取って5連銃などとしてしまえば、本来の機能に近くなる。私と同じ考えを持ったのだろうか、たとえば、『日本沿岸捕鯨の興亡』では、「縦五連捕鯨銃」と表記している。

ふたつめの疑問は、前田式捕鯨銃で大型種の鯨を捕れるのかどうか？　だ。5本の銛を装備しているとはいえ、それぞれはノルウェー式捕鯨砲[5]で用いる銛に比べると細い。だから、前田式ではマゴンドウを捕るのが精一杯なのだろうと思っていた。

だが、違った。『鯨に挑む町』（熊野太地浦捕鯨史編纂委員会、平凡社、1965年）によると、「前田式連発銃でゴンドウクジラ以上の大きな鯨が捕獲できないというのではなかった。法律がそれを禁止していた」とある。行間を読んでくれといわんばかりの記述だ。私は好奇心を抑えられず、港で生粋《きっすい》の漁師の1人をつかまえて話を聞く。

遠洋捕鯨に長年従事し、漁期の合間には家業のゴンドウ船を手伝っていたヨシキさん（昭和16年生まれ）が語ってくれた。「シャチ、ミンククジラ、マッコウクジラ何でも捕った」。50年ほど前のことだ、いくらなんでももう時効だろう。5トン程度の小型船は全長10メートル足らず、そんな船で、時に15メートルを超すマッコウクジラを捕るのは私には想像が難しかったが、その程度は苦もないという。「ナガスクジラ（大きなものは20メートルを超す）を捕った時は、（大きすぎて港まで）引っ張れないので泣く泣く綱を切った」という。ちなみに、ヨシキさんの兄弟の系統は、追い込み漁に参加し、現在も船長を務めている。

前出のヨージさんも貴重な話を聞かせてくれた。ヨージさんの叔父さんが紅丸という天渡船を出していた昭和20年代の話。ザトウクジラ（口絵14）を捕獲したものの大きすぎてなかなか船が進まず、連れて帰れないことがあったそうだ。ヨージさんの話を聞きながら嫌な予感がした。まるで、大背美流れの話のイントロのようだ。無線がない当時、太地で待つ家族には、なぜ夜になっても帰ってこないのか、どこにいるのかまったくわからない。不安ばかりが募っていた。家族親族は海上保安庁に通報し、捜索願を出し、「宮ごもり」を始める。

これは、現在の漁協裏にある飛鳥神社に集まり、夜通しで火を焚き祈り続ける習俗だ。

船側は、太地でそんな騒ぎになっていることなど知る由もなく、大物のザトウクジラを抱えて、太地へ向かって急いでいると、海上保安庁の船が近づいてくる。ザトウクジラを捕獲しているのが見つかったら、さすがに管理の甘い昔でも現行犯は逃れられない。慌てて、ザトウクジラを海に放し、保安庁と接触する。これで初めて、捜索願が出ているのを知るのだが、太地に帰らなかった理由はエンジントラブルなどと適当な言い訳で取り繕《つくろ》う。船足の速い保安庁に頼んで、家族に無事を伝えてもらって、紅丸はザトウクジラを再回収。ようやく3日がかりで太地まで戻ったそうだ。何とも、のどかな時代を思い起こさせるが、宮ごもりまでした家族はどれだけ心配しただろうか。

なお、ここでは捕鯨銃に焦点を当てたが、実際の捕獲方法は多様だ。手銛を使った突き捕りも日常的で、「追い込み」となることもあるそうだ。太地近くで大群を発見した場合には、湾へ追い込んで群れごと捕獲できればもっとも「大漁」となる。追い込めそうな場合には、何隻ものゴンドウ船が共同して突発的な「追い込み漁」が始まる。当時は、船べりを木槌で叩いて追い込んだという。

⑸手投げ銛あるいは手持ち式の銃に代わって捕獲に威力を発揮した。甲板最前部に台座を据え付けるタイプの大砲である。鯨と船の動きを予測して発射するために、砲先が上下左右に滑らかに動くようにできている。ただし、海水でずぶ濡れになることもしばしばなので、操作性を保つには、注油などのメンテナンスを欠かすことはできない。

図30　3隻並んだ天渡船。船の先端近くに5連式の前田式捕鯨銃が据え付けられている。これは瀬戸内海のシャチ退治を頼まれて出向いた様子のようだ（提供／毎日新聞社）

天渡船・ミンク船とゴンドウ船

捕鯨銃を備えた船は「天渡船《てんとせん》」（図30）、あるいは「ミンク船」と呼ばれる小型捕鯨船へと発展していく。小型捕鯨は昭和22年（1947年）農林大臣許可制となるが、「三〇トン未満の船を用い、四〇ミリ未満の捕鯨砲が許可されたもので、ミンク鯨、午頭鯨（筆者注：マゴンドウ）、槌鯨を対象」（『日本沿岸捕鯨の興亡』）。活動を限られた捕鯨であった。

この時点で、小型捕鯨船にはふたつの型が含まれていた。

ひとつは比較的大型の船を用い、捕鯨砲（ノルウェー式捕鯨砲）を装備（先述の「前田式捕鯨銃」を使っていた船もあった）したタイプである。主にミンククジラを対象として、北海道〜三陸沖の漁場を渡り歩くタイプで「ミンク船」と呼ばれる専業捕鯨集団だ。ただし、太地周辺にはミンククジラはあまり回遊しないので、捕ることはほとんどない。

もうひとつは、10トン未満の小型船に前田式捕鯨銃を備え付けたタイプで、従来と変わらず「天渡船」と呼ばれている。これは太地周辺でゴンドウクジラを主な対象とするが、その回遊は、季節や潮も関係するので専業とするのは難しい。場合によっては手銛で突き捕りもするし、あるいは他の漁業と並行して行う者もいたようだ。『太地町史』には、実動期を示してはいないが戦後活躍した捕鯨船として、ミンク船12隻、天渡船8隻を挙げている。

ところで、昔の写真などを見ながら話をしていると、「天渡船」と呼ばれるものを「ゴンドウ船」と呼ぶ人もいる。これらは、簡単に定義できるものでなく、太地で何人に聞き取りをしても、あるいは文献を調べても明確なことがわからなかった。天渡船＝ゴンドウ船なのかどうかも明らかでない。船の形、役割は、時代とともに次第に変化していくので、もしかしたらいつの間にか本当にだれにもわからなくなってしまったのかもしれない。

それでも、断片的な情報から推測も含めてまとめてみると、「ゴンドウ船」とは天渡船よりも若干小さく古い船で、前田式捕鯨銃を使い、目立った獲物がマゴンドウである小型船といったところだろうか。木造船が多かったようだし、前田式捕鯨銃を使うミンク船はあったが、捕鯨砲を使うゴンドウ船は存在しなかった。また、現在稼働中の沿岸小型捕鯨船のうち3隻が季節によって太地を根城に出漁している。この捕鯨船を指して、「ミンク船」という人、「天渡船」という人両方があるが、「ゴンドウ船」と呼ぶ人はいない。たとえゴンドウを捕ってくる船であっても、船の大きさや、ノルウェー式捕鯨砲の存在がゴンドウ船と呼ぶイメージにはないのだろう。

イルカ追い込み漁が完成するまで（3）寄せ物

追い込み作業の面からも捕鯨の歴史を探ってみる。

ゴンドウなどが「寄せ物」として捕れることが昔からあった。寄せ物とは、『太地町史』によると「太地の地形と海流の関係から小魚などのエサを追って、あるいはシャチなどの捕食者に追われて、湾内深くへ大群で入り込んでくる」ものをいい、その頃合いを見計らって湾を網で仕切り、一網打尽にするわけで、太地湾自体が定置網の役割を果たすことになる。目立った獲物としては、「ゴンドウのほかに、マグロやムロなどが記録されている。ゴンドウでは1899年（明治32年）7月に61頭を捕獲」しており、これに味をしめて何かしら企《たくら》むことは容易に想像できる。太地での追い込み漁は、寄せ物を積極的に誘い込んだのが始まりと考えてよいだろう。

ゴンドウ程度の大きさがあれば、高台から眺めれば数キロほど離れていても発見は容易だ。見つけたゴンドウを何とかして太地湾へ〝寄せ〟られないものだろうか、自然とそう考える。このような、偶発的な追い込み漁も散発的に行われてきたようで、『太地町史』および、太地町発行の『今昔写真集』によると、古くは1933年（昭和8年）には、2月16日に33頭、2月20日に43頭と続けざまに追い込みの記録があり、その後も1936年（昭和11年）、1944年（昭和19年）、1957年（昭和32年）に捕獲の記録がある。これが、現在行われているイルカ追い込み漁の原型と考えて間違いないのではないか。

「当時から舷側を叩いて音を立てて、マゴンドウを追えることは知られていた。（太地にほど近い場所で大群を発見するなど）状況が良ければ追ってきた。ま、失敗もあったがね」。

そう教えてくれたフクさんは、1957年の追い込みに参加した大雄丸の船長である。フクさんは1928年（昭和3年）生まれ、1969年（昭和44年）の追い込み漁開始当初からの船長だ。若い頃は、極洋捕鯨株式会社（現・極洋）の捕鯨船乗組員として、南極海での捕鯨にも多数参加してきた。遠洋捕鯨は、1960年頃をピークに傾き始め、捕鯨に見切りをつけて転職する人もちらほらと出てきた。フクさんも1966年（昭和41年）に太地へ戻り漁師となり、魚もゴンドウもイルカも捕った。追い込み漁には当初メンバーで参加し、伊豆への追い込み漁視察、太地いさな組合の設立にも骨を折ってきた。

イルカ追い込み漁が完成するまで（4）1969年、正式スタート

1969年までは、イルカの追い込みを主な仕事として行っている人はいなかった。それはおそらく、船団規模の小ささに影響されていたもので、船団が小さければ（船が少なければ）、鯨の発見効率、追い込み効率ともに低く、見つからない・追い込めない結果に終わり、だれも一生懸命にやろうとはしなかった。

ところが、あるきっかけで追い込み漁が集中的に行われることになる。その過程で、船団として探鯨し、協力して追い込む技術が蓄積され、漁として成り立つだけの捕獲が可能になり、以降、イルカ追い込み漁が〝仲間〟的関係で始まった。

そのきっかけとは、「太地町立くじらの博物館」が1969年4月にオープンしたことだ。そこでの展示用として、町から鯨類の生け捕りを要請されたのだ。くじらの博物館は、敷地内に入り江が組み込まれており、そこを天然プールとして活用し、鯨類の飼育展示を目論んでいたのである。

当時は、水族館などのイルカの飼育施設も少なく、多種類の生きたゴンドウやイルカを群れで見せることができれば格好の広告塔となり、太地、ひいては南紀地方の観光全体にとって集客力のアップを期待できると考えられた。同年7月28日にはマゴンドウの追い込みがあり、夏休みのピークを前に、看板役者がそろった。

1969年に正式にイルカ追い込み漁がスタートした。初期メンバーには、遠洋捕鯨に従事していた者も多くいた。捕鯨業の衰退により、太地へ帰ってきて天渡船として操業していた者がそのまま参加している例が多かったようだ。

「博物館展示のため」に始まった追い込み漁だったが、博物館設立を推進したのも、そこにゴンドウを飼育展示するために漁師たちに鯨を追い込むように要請したのも、庄司五郎町長であった。

追い込み漁には、一定の船数が必要になる。先述したように「寄せ物」など散発的には追い込み漁が行われてきた背景はあった。それでも自発的に何隻もが協力して、追い込み漁をやってみるかという話には進まなかった。おそらく、町からの要請で仕方なしに8隻でやってみて、「数の効果」を実感したのだろう。8隻程度が参加しないと、効果的な追い込み漁は行えなかったのだ。組織的な動きを始める時には、トップダウンが効果的なようだ。

初操業はいつだったのか、漁協等でも記録を確認できなかったが、先述したように7月28日に初のマゴンドウの追い込みがあったことは記録されている。この追い込み漁は、捕殺目的ではなく、飼育を目的としたものだった。しかし飼育技術のレベルも低く、残念ながら死なせてしまったものも多かったと、この漁に参加した漁師は語る。生かすつもりのゴンドウの死に対して、何十年も経っているのに遠い眼をして哀悼の意を表したのは意外だった。これまでに、何百頭もの鯨を解剖している漁師が、である。

太地いさな組合の誕生

初めの頃は、失敗もいくつもあったし、追い込み率（発見群総数のうち最終的に追い込めた数）も低かったという。あまりに上手くいかないので、イルカ追い込み漁を行っていた伊豆半島の川奈《かわな》や安良里《あらり》へ研修に行ったこともあるそうだ。鉄管の造作の仕方、叩き方、船のまわし方など学習の成果もあり、次第に成績は良くなっていった。これを見ていた太地の別の漁師仲間が第2グループを結成し、「よっしゃ、うちらも追い込み漁でもやってみるか」

と始まったのが1977年（昭和52年）。こちらは11隻でスタートした。これにより、ふたつのグループが並立することになった。

これは、太地で明治期に起こった町内紛争を思い起こさせる。1878年（明治11年）の大背美流れの事故を経て、和田家は破産状態になり、1882年（明治15年）には経営権が山長組へ移ったが、これに反発した有志による与六組が結成され、ふたつの組がそれぞれ捕鯨を行うことになった。この状態は、当然さまざまな問題を引き起こし、『太地町史』によれば、1頭の鯨をめぐっての奪い合い（最終的には腐ってしまった）や、捕鯨権をめぐる訴訟事件、さらには捕鯨関連の産業が停止したために税収も著しく低下し、行政も麻痺《まひ》、結果として村の職員である教員給与も未払いになり学校閉鎖（1885年4月から1888年4月に再開校するまで3ヶ年も！）に至ったという。

何十年経っても、同じ状況で同じことが起こりうる危険はある。昭和の〝勢子船〟はどうしたか？

同じ港からそれぞれ出漁した時に、イルカの群れが同時にいくつもあることなどまずない。自ずと、ひとつの群れをふたつのグループがそれぞれ追い込むことになる。そんなことがうまくいくはずがないのはだれが見ても明らかで、諍《いさか》いの種になるし、第2グループは8年近くも後発のためやはり技術が拙《つたな》い。上手く追い込めないフラストレーションは溜まり、グループ間の感情が悪化する始末になる。

　そんな背景があり、代表者を中心に「どうせ小さな町、仲良くしないでどうする」ということで歩み寄りもあり、合併することになったが、荒くれ漁師がそれぞれ20名近く集まっているわけだから、すんなりいくわけがなかったはずだ。当時の話を聞かせてくれた前出のフクさんは、多くを語らなかったが、言外に苦労を滲《にじ》ませた。

　1983年（昭和58年）、ふたつのグループが合併し、「太地いさな組合」が誕生した。15隻の追い込み漁船団として県から認可を受けた。現在、所属船13隻、組合員26名。漁船では、船を所有する船主と、乗船して操業の指揮を執る船長とが別人であることもあるが、いさな組合の所属船はすべて船主が船長として実際に漁を行っている。

世代交替

組合結成後の捕鯨活動を概観しておこう。

　1988年を最後に大型捕鯨のモラトリアム期となり、鯨肉の流通量が大幅に減った。これにともない、流通単価が上昇したことは、追い込み漁が順調だった98年頃にはいさな組合にとって一時期の追い風になった。

00年以降の北西太平洋での調査捕鯨では、ミンククジラに加えて、ニタリクジラ、マッコウクジラを捕獲対象種とした。鯨肉の流通量が増えるとともに市場価値(6)の高いニタリクジラの流通が始まったため、価値が低く扱われるゴンドウ類、イルカ類を捕獲対象とするいさな組合は厳しい痛手を受けた。

さらに、02年からは、沿岸小型捕鯨業者が参加する、沿岸性ミンククジラの調査捕鯨が始まった。従来も調査捕鯨によるミンククジラは流通していたが、捕獲後短時間で処理され、高い鮮度で流通するため、いさな組合にとってはさらなるライバルの出現となった。

98年と2010年、12年間の比較で、ゴンドウ類、イルカ類の市場単価は3分の1程度、収入は半分程度と予想される。

98年頃のピーク期でも、決してバブルに浮かれていた状態ではない。その収入は同年代の大企業社員と変わらない程度だ、それが今では半減し、そこから、高騰している船の燃料代や漁具代を払い、新船建造のローンがある船主も多い。この時期、乗組員の多くが、20〜30代の子育て世代にとって代わった事情を踏まえると、諸々の支出は、いちいち懐に響いていく。

世代交替で後を継いだのは、多くの場合、息子さんである。

1928年生まれのフクさんが長く船長を務めてきた大雄丸の場合、新潟で会社勤めをしていた2男のノリさん（66年生まれ）が後継ぎを希望し、98年に太地に戻ってきた。大雄丸は、船長フクさん、乗組員ノリさんの親子船となった。フクさんは、ノリさんに仕事を覚えさせながら、将来の船長としての心構えを仕込み、01年にいさな組合を勇退したが、今も漁師としては現役でカツオ漁などには単身で出かけてゆく。

親子以外のパターンもある。マサキさんは、71年生まれ、大学卒業後に太地近郊で会社勤めしていたが、追い込み漁に参加していた友人に誘われて04年から加入した。乗組員として修業を積んだ後、09年から船長となっている。

新たな組合員は、前職は銀行員や美容師などさまざまだが、町外出身者はひとりもいない。閉鎖的といってしまえばそれまでだが、鯨に関わる仕事を誇りを持って後継していく意識と意思、そして周囲の雰囲気が捕鯨の文化性を強く表していることが感じられる。

⑹おいしい順にヒゲクジラ類、ゴンドウ類、イルカ類とされ、市場価値も高い。ヒゲクジラ類の中では大型種ほど価値が高くなるとともに希少性も高値を後押しする。また、近海モノが高くなるのは他の

水産物も同様で、南極海調査捕鯨捕獲物よりも、北西太平洋調査捕鯨捕獲物のほうが肉質が良いとされる。

くじらの町としての今

太地は、捕鯨モラトリアムの影響と生活の多様化にともない、旧来の捕鯨の町から、くじらの町へと変わった。

くじらの町とは、どういうことか？　鯨に関するすべてだと思えばよいだろう。太地には、町立くじらの博物館がある。「なぜ、（資料館や記念館ではなく）博物館？」と思ったこともあったが、鯨のすべてを知ってもらうとする趣旨でつくられたということがわかった。今の太地の町は、このくじらの博物館の姿勢を町全体で表そうとしているのではないだろうか。

エコツーリズムの発展や環境問題を重視する世の流れにより、〝自然〟が観光資源として見直されてきた。鯨類は過去1万年以上にわたって、食料あるいは石油以前の油脂などの資源として使われてきた。石油利用が一般的になると、鯨類資源を油脂として求めていた国々は捕鯨から撤退し、食料としての利用を目的とする一部少数国が捕鯨国として残った。捕鯨から撤退した国では、レジャーのひとつとして鯨類を見て楽しむこと、すなわちホエールウオッチング、ドルフィンウオッチングが1970年代には産業として始まった。

遅ればせながら日本でも90年代には、沖縄、小笠原諸島を中心にホエールウオッチングが、伊豆諸島の御蔵島《みくらじま》や熊本県の天草《あまくさ》ではドルフィンウオッチングが一定の産業規模を持つようになっていた。太地の隣町の勝浦町でもホエールウオッチングが行われている。また太地には前述した町立くじらの博物館の他にもイルカ類と触れ合える施設が複数あり、それぞれ多くの観光客を集めている。

このような状況で、太地は観光産業に生きるべきとする意見があるが、これでは太地の歴史的・文化的側面の多くを無視することになる。では、どうするのか？　イルカウオッチングが観光産業として一般的になったことは、鯨類に対する関わりの幅が広がったと考えればよい。鯨文化の転換ではなく拡大である。

めざすは、鯨の理解であり、くじらの博物館の精神を一般化することだ。くじらの博物館では、イルカ類を見て触って楽しむことができて、捕鯨の歴史、方法を知ることができて、さまざまな鯨類の標本を見て学ぶことができて、そして最後には鯨肉を土産に買って帰ることもできる。つまり、見て楽しむ、食べて楽しむ、人と鯨がどのように関わってきたのか知る。こうすることが深く生きものを理解することにつながると私は思う。

イルカを見る・食べる・遊ぶ町・太地

くじらの博物館には、かわいいイルカショーを見られるステージから、扉1枚隔ててその肉を売っている。これは、〝かわいそう〟なのだろうか？　どうしてもそう感じる人に対して説得しようとは思わない。しかし多くの人は牧場に行ったことがあるだろう。そこでは、牛を見てかわいいと思う。しぼりたての牛乳を飲んでおいしいと思う。その場でバーベキューをして楽しくもりあがる。実際のところ、いくらでもある光景なのだ。牧場でバーベキューする、鯛の泳ぐ水槽を見ながら刺身を食べる、イルカショーを見ながら竜田揚げを食べる、どれも同じだ。

人の知的欲求はさまざまだ。たとえばくじらの博物館で鯨がどれだけ大きいものなのか体験する（大型鯨の標本がいくつもある）、それをどれだけ小さな船で捕ってきたのか（古式捕鯨で使っていた勢子船もある）、オルカ（シャチ）をトレーニングするとはどういうことか（2010年4月現在天然プールで飼育されている。長年飼育されているのに、いうことを聞かないこともあっておもしろい）、ミンククジラとゴンドウクジラは味が違うのか（国民宿舎でランチ営業もある）。知りたいことは尽きない。食べたくない人は食べなければいいし、骨格標本やホルマリン標本が気味悪い人は見なければいい。なにも強制されない。

さらに10分も歩けば、一方にはイルカと一緒に泳げる施設があって、子どもの団体、家族などの歓声が聞こえる。もう一方は港の周辺だ。魚市場ではゴンドウの競りが行われているかもしれない。あるいはイルカを競り落とした加工屋さんが軽トラに乗せて運んでいるところに出くわすかもしれない。

先日見たテレビの街頭インタビューで「え？　イルカ食べるんですか？　ありえないっすね」などとコメントをしていたのは、耳はイヤホン、目は携帯画面でふさいでしまって、国内の文化はおろか隣人にさえも興味を持たないような人だ。こんな現状は変えていかなければならない。

太地は認知度を上げ、理解者を増やし、見る・食べる・遊ぶ、いろいろな角度で楽しめる環境をめざすべきだ。

この後、「イルカを見る／イルカと遊ぶ」については4章で、「イルカを食べる」については6章で、それぞれ掘り下げて議論していくことにする。

【コラム：イルカの行動観察学3】 逃避行動

船が近づくと、危険を感じて逃避行動を始めるのは生きものとして当然のことだが、その対応は鯨種によって異なり興味深い。逃避行動の違いは漁の手法に直接影響するので、漁師たちは経験則で鯨種ごとの特性を知り尽くしている。潜って逃げる時の潜水姿勢、尾びれの角度や向きで次の浮上方向、距離を予測している。

私が、実際に体験したのは数種類だが、漁師のコメントと合わせて考えると、逃避行動は、すなわち潜水によって危険（船）から逃れようとするものだが、その潜水時間と次の浮上場所までの距離、潜水深度は関係が深い。とてもおおざっぱにいうと、大型のハクジラ類（マッコウクジラ、ツチクジラなど）で深く長く、小型のハクジラ類は浅く短い。

わずかな体験に推測を含めるので、決して科学的な記述にはならないことをお断りした上で、例を挙げてみよう。ハンドウイルカやゴンドウ類などの中型種では、潜水時間は5分ほどで、だいたい数百メートルの距離に再浮上してくる。イルカが海面を飛ぶように泳ぐシーンをテレビなどで見る機会があると思うが、ハンドウイルカが沖で〝飛ぶ〟ことは滅多にない。飛ぶイルカはもっと小型のイルカだ。このため追い込む時も、浮上した群れのまわりで〃トントン〃と鉄管を叩く、群れが潜る、再浮上する、という段取りを繰り返して、だんだんに群れを移動させていく。

この再浮上の時、ゴンドウ類としては小型のハナゴンドウは、ちょっと変わった行動をする。体サイズが小さいためか、ハナゴンドウの浮上位置は比較的近いのだが、浮上するとこちらを〃確かめる〃ような素振りをする。スパイホッピングといわれる、体を立てて頭部を海面上に突き出す姿勢になる、まるで海坊主だ。これを群れのあちこちで行うので、なんだか不思議な、こちらが馬鹿にされているような気分になってくる。

追い込みたい方向へ、再浮上させることができれば漁が簡単になるが、とくにマゴンドウの群れでは浮上方向を見極めるのは難しい。漁船の下をくぐって反対側へ浮上することも珍しくない。このように沖では、群れを動かすのが難しいが、なんとか陸へ寄せて水深数十メートルの浅場になってくると、行動が変わる。突然、飛んで逃げるようになる。マゴンドウにしてみたら、縦（深く）方向に逃げられなくなったので、仕方なしに横（水平）に逃げたのだろうが、そこは漁師の思うつぼである。そのまま太地沖の暗礁域をかわして入り江へと導かれてゆく。

より小型のスジイルカ、マダライルカは、逃げ始めこそ1〜2分の潜水をすることもあるが、すぐに海面を〝飛んで〟逃げ出す。この状態では、群れの後ろ寄りから追い込み漁船十数隻がとり囲むように追うので、イルカたちは太地へ吸い寄せられるように向かっていく。陸に近付くと水深は浅くなってくるから、追い込み速度は上がるのかと思うと突然膠着《こうちゃく》する。この小型のイルカたちは、外洋性とされる。そのため、底を感じられるような状態が不安要素なのではないだろうか。群れ全体が困ったような状態になる。海底に対する不安と、金属音で追い立てられる嫌悪とどちらからも逃げ出したいのだろうが戸惑っているうちに、徐々に入り江に追い込まれていく。

大型種ではどうか。追い込み漁では大型種を対象にしていないが、沿岸小型捕鯨船では体長10メートルを超すツチクジラを捕獲している。この鯨は「蚤《のみ》の心臓」で、捕鯨船であることを知ってのことだと思うが、敵の捕鯨船を察知するや否や潜ってしまう習性がある。いったん潜ってしまうと、その潜水時間は30分以上、深度は1000メートル以上、そして、浮上場所は見えないくらい遠くまで行ってしまうこともしばしばある。そのため、ツチクジラへのアプローチでは、気付かれないことが第一となる。

ツチクジラの大きさになると、1キロ以上離れても、その鯨が起きているのか寝ているのかわかる。その周囲に何頭もツチクジラが見える時には、大きくて〝爆睡〟している鯨をターゲットに選ぶ。エンジン音を抑えるためにスローにして接近する。呼吸音が明確に聞き取れるようになり、鯨の体臭が感じられるようになる。ここまでくれば、あと少し。こちらまで息を潜めてしまう緊張感。鯨と船が40メートルほどまで近づけば射程距離だ。

このアプローチで成功することは半分もない。突如鯨は潜る。いや、「フッ」と消えると表現した方が正しい気がする。潜るにはなんらかの動作がともなうはずだが、見ていてそれはわからない。床板が外れたかのように消えるのだ。「もう2秒、いや1秒だけ堪えてくれていれば……」と思うことも何度もあるが、そんな感傷に浸る暇はない。戦略を変えなければならない。鯨に気付かれてしまった以上、音を潜める必要はないのだ。私には〝消えた〟ように見えた鯨も、捕鯨船員にはちゃんと潜水方向がわかっているようだ。

その方向を集中的に双眼鏡で探す。約30分後、潮吹きが目に入るのと、船長がスロットルを前に倒し舵をまわし出すのはほぼ同時だ。長い潜水で息が上がった鯨に急いで接近して回復する前にふたたび潜らせる作戦である。これを繰り返すと鯨は疲れて潜水時間が25分、20分と徐々に短くなっていく。そうすると、鯨も一息でも多く呼吸したいのだろう。捕鯨船の接近距離がだんだん短くなっていく。こうして息が上がった鯨に銛を打ち込む。

4章　イルカを飼うのは「かわいそう」か？

生け捕り率は上昇傾向

前章の最後で博物館や水族館について触れたが、私たちがイルカのショーを楽しめるのは、ほとんどの場合、追い込み漁のおかげである。

ここ数年、水族館等のイルカ飼育施設に動物を提供することが、追い込み漁の中で大きな位置を占めるようになってきた。

たとえば人気のハンドウイルカについてその数・割合を見ると、2000年度に捕獲総数1271頭で、このうち5・3％が生け捕りにされた。07年度には捕獲総数300頭で25・6％（水産庁および水産総合研究センター〔水産庁Webサイト「捕鯨の部屋」〕が毎年公表している、「日本の小型鯨類調査・研究についての進捗報告」より）。図31を見れば一目瞭然だが、捕獲頭数は減少傾向で、生け捕り率は上昇傾向だ。これは、イルカにとって悪い流れではない。

現状では、生け捕りをする場合には、2章で説明したように、追い込んだイルカの群れの中から、初めに生け捕りする個体を選別する。残りの個体は、海へ帰す場合と、捕殺される場合がある。

この生け捕りは、関係する三者（いさな組合、飼育施設、そしてイルカ自身）にとっても解剖するより都合が良い。

まず、飼育施設にとっては、展示の素材、施設の稼ぎ頭を得ることができる。もし、この追い込み漁がなければ、捕獲のための許可を取ったうえで自前で船を準備し沖へ出て、探鯨し、そのまま沖でイルカを生け捕りしなければならないが、これは、まずコストが何倍にも膨らむし、また技術的にもハードルが高い。

次に、いさな組合にとっては、生け捕り数だけ解剖数が少なくて済む。その上、生け捕りの販売価格が食肉に比べて何倍もの高値で取引されるメリットもある。

最後に当事者たるイルカにとっては、生け捕りされることで群れの一部ではあるが命を永

図31　ハンドウイルカの捕獲数および生け捕り数の変化

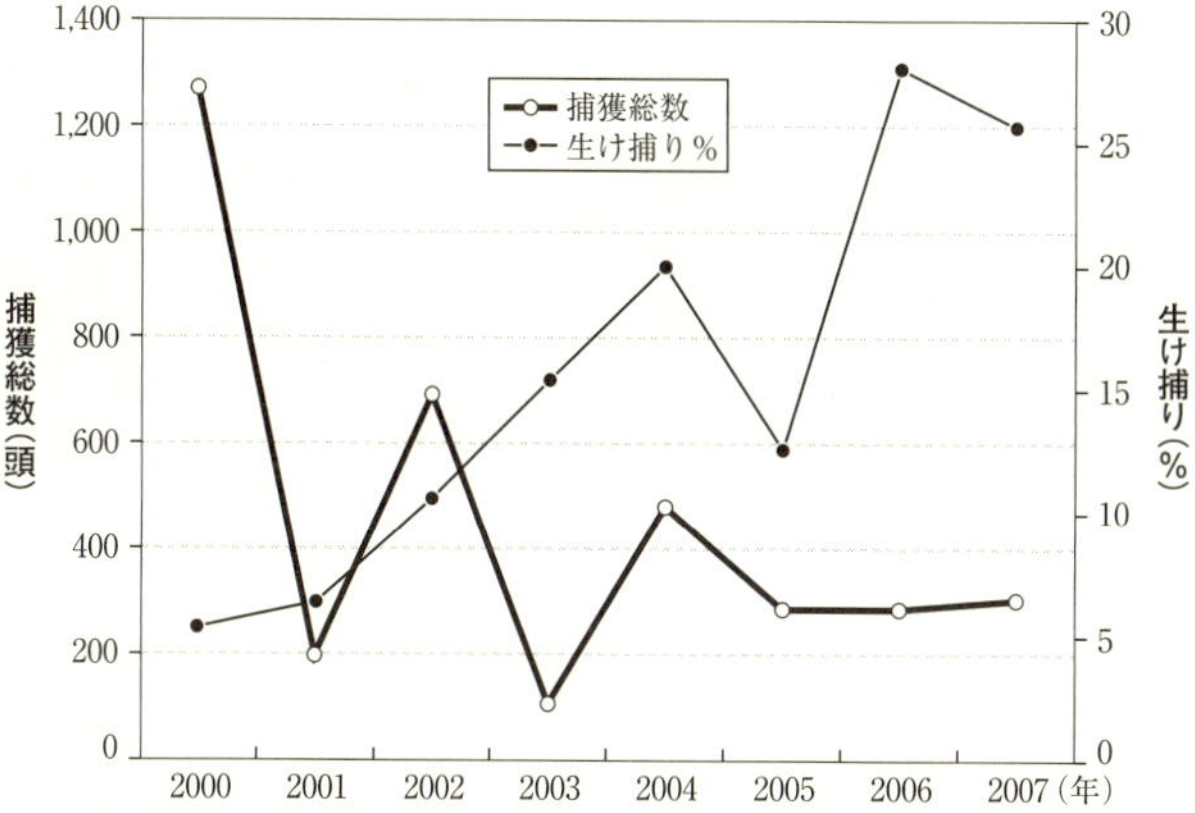

出所）水産庁および水産総合研究センター〔水産庁Webサイト「捕鯨の部屋」〕が毎年公表している「日本の小型鯨類調査・研究についての進捗報告」の数値データをもとに作成

らえることができる。加えていさな組合のメリットとも関連するが、生け捕りは高価であるため、1頭の生け捕りが、何頭もの解剖されるイルカを潜在的に減らしている。話を簡単にしよう（数字、通貨単位は仮定）。食肉用のイルカは1頭20ゼニー、生け捕りのイルカは1頭100ゼニーで取引されるとする。いさな組合では1000ゼニーの売り上げを期待しているとする。もし、生け捕りの依頼がなければ、50頭のイルカが捕殺される。もし、生け捕りの依頼が十分にあればわずか10頭の生け捕りで済むのだ。しかも生け捕りだからそこに失われた命はない。もちろん理想的に物事が運べばの話だが。

　生け捕りが100％の善とされるものではない

ことは十分に承知している。飼育環境が十分でなく命を長くは保てない結果になることも多い。あるいは飼育施設への輸送途中で命果てるものもある。それでも、結果的に死がともなってしまうのは、生きものを扱う以上避けられないことであり、多くの飼育施設はその環境向上、輸送技術の向上に力を入れており、飼育個体の生存率は年々向上している。

「見世物」批判

ところで、このように、組合、飼育施設、イルカの三者にとって「三方よし」と思われる生け捕りは、「無益な殺生」の減少であるから、いわゆる動物保護団体も、好意的に解釈するものと期待したが、私の考えが甘かった。いくつかの団体では、イルカ追い込み漁とイルカ飼育施設とをセットにして批判を行っている。

なぜ、飼育施設が批判されるのか。

イルカ類の飼育施設のうち、水族館の多くは日本動物園水族館協会（JAZA）に加盟しており、JAZAは、上部組織である世界動物園水族館協会（WAZA）に加盟している。WAZAは、加盟施設の使命に「動物の世話、福祉、保護」などをうたっている。つまり、見世物的な動物ショーなどはいかんですよ、というわけだ。これに素直に従えば、追い込み漁で捕獲されたイルカの展示などはできないわけで、批判されるのも致し方ない。

　これに配慮してのことだろう、近年、大型の水族館では「研究」目的で、イルカ類の購入がなされたりしているが、これをタテマエと思わない人がいるだろうか。

　思うに、ＷＡＺＡの理念は、日本の動物園、水族館には厳しすぎる。日本の施設は設備が整っており、動物の福祉や保護にも寄与できるが、アミューズメント施設としての存在意義がより強いはずだ。ＪＡＺＡでは、その目的としてレクリエーションを筆頭に挙げており、他には教育・種保存・調査研究を掲げている。やはり、楽しむための施設なのだ。

図32　水族館で飼育されているハンドウイルカ。左は水族館生まれの10歳。右はその母獣で15年以上の飼育歴。南知多ビーチランドにて撮影

　少なくとも来園者は「楽しみ」にやってくる、おそらく、遊園地と動物園（水族館）と映画を天秤にかけるような選択の仕方だ。ジェットコースターで狂喜する人がいれば、イルカのジャンプに感涙する人がいていいはずなのだ。ただし、その飼育環境が劣悪な場合に、改善命令な

り、除名措置なりの対応を協会が行えばよい。

さらにいうと、こういった意味でイルカの生け捕りが批判されるとすれば、その責任はそもそも飼育施設の側にあるはずである。いさな組合がセットになって批判される筋合いではない。漁師としては、食肉になろうが、飼育されようが、買い取って放流されようが、一番高く買ってくれるところに売るのがあたりまえなのだから。

飼育と野生は違うのか？

動物保護団体だけでなく、一般の人々の中にも、飼育されるのはかわいそう、野生で自由に泳がせてあげたいと考える人たちはいる。

自由って何だろう。縦横無尽に力いっぱい泳ぐことか、好きなだけエサを食べることか。それを自由と呼ぶなら、野生は自由ではない。

基本的に群れで生活するイルカは、勝手気ままに泳ぎまわれるわけではないし、シャチなどの捕食者に襲われるリスク、エサの不足、嵐の海など命の危険は数知れずある。野生の自由とは、少しばかりの行動の自由であって、命の危険と天秤にかけることを考えれば、あまり割が良くない。

野生では、他の個体より少しの自由を求めることが、格段に命を危険にさらすリスクを高めてしまう。「かもめのジョナサン」は、群れを外れてまで高く飛ぶことに執着した。そんなかもめは、実際には真っ先に捕食者につかまってしまうだろう。群れをつくる生きものは、群れというシステムで、それぞれの個体が敵から守られているのだ。群れから外れた行動の自由に命の保証はない。

この二者択一をどのように選択するのか、科学的証明はない。が、〝賢い〟動物ほど命を優先するのではないか、と私は考える。

イルカが「ヒトに次いで賢い」かどうかの議論はさておき、その論法でいけば、ヒトに近い思考をイルカもするといってよい。人は、自由と命とどちらを優先するのか。ほとんどすべての人が、多少行動が制限されても命を優先する（だからこそ、自由に命をかけた人は英雄となる）。

動物の生活にとって重要なのは、安全安心だ。安全とは、命の安全であり、「被食回避」だ。安心は、エサの安心であり、餓えることないようにエサを確保できること、すなわち「捕食確保」だ。捕食と被食は表裏で、一方の被食の回避は、他方の捕食の無確保であり、捕食確保は被食非回避となる。飼育環境では、このふたつとも解決されている。

社会性が高い種を単独飼育することは、コミュニケーションなど別の面で問題が生じることがあるが、それさえ解決できれば、一般的な飼育環境へは順応可能であり、イルカ自身にとって、そう悪い環境ではないと考えている。

事実、ハンドウイルカやシャチの水族館3世が生まれている。3世とは、水族館生まれのイルカ（2世）が、繁殖し出産した世代のことだ。つまり、水族館で生を受け、成長、出産、子育て、とライフサイクルが飼育下で完成している。あまり〝完全飼育〟の表現は使われないが、マグロやウナギで完全養殖が成功したことと同じような飼育下ライフサイクルの完成である。

ドルフィンスイムの体験から

飼育環境のイルカがかわいそうかどうか、自由がないのかどうか、もう少し続けて議論したい。

水族館でイルカの観察をしていると、すぐ傍を一般のお客さんがワイワイいいながら通り過ぎていく。中には、「イルカだ！　かわいい！」と駆け足でやってきて、ガラス越しに水槽を覗き込む。「またイルカ好きが来たな」と思いつつ、私は行動観察を続ける。するとほとんどの〝イルカ好き〟はものの2〜3分もせずに、次の動物を見に行ってしまう。とても残念だ。イルカに限らず好きな動物を見る時には、エサ時間から次のエサ時間まで見続けてほしいと思う。

じっくり見ていると、いろいろな行動があるのが見えてくるだろう。決して、飼育環境が自然な行動を制限していないし、病的に定型的な行動しかしない、などということはない。故鳥羽山照夫博士（鴨川シーワールドの設立者、元館長）の言を借りれば、イルカのショーでさえ、「野生でやらない行動をさせてなどいない。もともとある行動を組み合わせているだけ」だそうだ。

飼育施設で観客に愛敬を振りまくイルカだが（もっとも、イルカがそのつもりかどうかはわからないが）、高い好奇心がそうさせている。ここで、野生でも飼育環境と同じような好奇心の高さを示すエピソードを紹介する。伊豆諸島の鳥島にイルカがいる。ここ鳥島は無人島で、人の住む島は北に230キロの青ヶ島、南に400キロの小笠原父島。つまり、地理的にも人間活動上も絶海の孤島である。この島のイルカがヒトと泳いだことは、ほとんどないはずだ。そんな野生のイルカと泳ぐ機会があった。(1)

まず結論だが、足かけ2日、丸1日ほどのアプローチで、まともなドルフィンスイムが成り立った。

ドルフィンスイムのセオリー通りにイルカの群れの進行方向数十メートル先で海中に入り、群れがやってくるのを待つ。しかし、初めの数回は、私たちが海中に入るのを見るや否や遊泳コースを変えて彼方へ消え去っていった。繰り返すうちに、次第に逃げ去る距離が縮んでいく。そして2日目、数メートルの距離まで近づけた。お互い、目線がわかる距離だ。イルカの中でも好奇心の強い個体はこちらを向いて、周りを回ったりしている。

これが、好奇心の高さ、賢さ、適応性の表れだろう。エサを使わずに、このようなことができる動物は、哺乳類でも他にいないだろう。イルカにとって環境変化は、逃げ出すだけの対応ではなく、そこに留まり状況を分析し、対応するものなのだ。

このように、イルカはおそらく賢い。だからこそ飼育施設にも順応し、適応できているはずだ。


⑴離れ小島の鳥島に棲むイルカ、彼らがどこから来たのか？　その謎を解くために、2年越しの準備期間と、悪天候による数度の中止を経て、２００８年10月に幸島司郎（京大教授）以下8名で調査を実施した。結果の一部については、２０１０年3月の水産学会で森阪匡通ほかによる「伊豆鳥島周辺海

域でのミナミハンドウイルカの発見」と題して報告してある。一番の成果は、数十頭のイルカのうち、1頭が小笠原に以前住んでいたことが確認されたことだ。イルカの身元照合は背びれの写真を使って行う。共同研究者らが、鳥島の調査で撮影した700枚近い写真と、御蔵島など日本各地の野生ミナミハンドウイルカの約600頭分の写真とを見比べていくというとても気の長い作業を進めた成果だ。この1頭が小笠原で撮影されているということは、少なくとも鳥島イルカの群れの一部はヒトと接触経験があることになるが、完全な野生個体群であることには変わりはない。

高い環境適応能力

イルカは賢いからこそ、飼育されることが非常なストレスになるという人たちもいる。だが、これは違うだろう。ヒトに次いで賢いというなら、ヒトに次いで適応力も高いだろう。ヒトは、恐ろしく高い環境適応力を示す。野人のような暮らしも、王様のような暮らしも、スラムの生活もどれにでも適応できてしまうのだ。しかも、スラムのほうが繁殖率が高かったりする。

あるいは、イルカが野生では1万平方キロもの行動圏を持っているのだから、100平方メートル程度のプールに入れるのは残酷だという意見もある。ヒトはどうだ？　毎日、数十キロのランニングを欠かさないヒトがいる。一方で、自分の6畳間からも出てこないヒトがいる。たとえが悪いかもしれないが、これが適応力だ。

一般に哺乳類は、環境順応性が高い。これは、まずは恒温機能を持ったことで、環境変化の第一である温度変化の影響を受けにくくなったことが大きい。寒くても暑くても比較的影響が少なく活動できるのだ。変温動物である爬虫《はちゅう》類は、気温に体温が左右されてしまうので、低温下では動きが鈍くなり、冬眠してしまう。つまるところ、非常におおざっぱにいうと、哺乳類はエサさえあればやっていけるのだ。

そして肺呼吸であるために、とくに鯨類に関しては、水中生活をしていても水質の影響を受けにくくなっている。魚は、エラ呼吸であるために周囲の水の影響を過敏に受ける。しかし鯨類は水面で肺呼吸を行う。水は体幹維持の媒体にすぎない。(2)

十数年前、前出の鳥羽山博士は、「繁殖だけでは飼育環境の良し悪しはわからない。ちゃんと育てることができるかどうかが問題だ」と動物飼育に対する姿勢を語ってくれた。鴨川シーワールドでは、シャチの水族館3世（水族館生まれの親から生まれた子ども）も誕生している。

子育てできる環境、子どもがちゃんと育つ環境が、飼育設備の中に成り立っているのだ。

この考え方が間違いであれば、「トキ」の復活は、夢物語で終わる。

⑵原油汚染はまったく意味が異なる。２０１０年４月20日に起きたアメリカ・メキシコ湾沖の石油掘削施設の原油流出事故は、現在（２０１０年６月末）も進行中だ。１日当たりの原油流出量が９０００キロリットルにも達するとされるが、これは89年のアラスカのタンカー座礁による汚染（総量で約４万キロリットル）をはるかに超え、史上最悪規模である。大量の油は、海水面をとくに汚染する。原油は揮発性が高く、海面近くは、揮発油成分が高濃度で滞留してしまう。灯油のポリタンクの中に鼻を突っ込んでいるような状態だ。鯨類にとっては、海水汚染よりも呼吸のための空気汚染として影響してくる。

【コラム：イルカの行動観察学4】 初期トレーニング

生け捕りされたイルカは、とにかく、エサを食べてもらわなくては体力が消耗してしまう。

初めにすることは、エサを食べさせることだ。水族館等と同じように冷凍のサバを解凍し、使うことが多い。漁港ではたくさんの魚が水揚げされるのに、なぜ冷凍物を使うのだろうか。理由はいくつかあるのだが、ひとつは港での毎日の水揚げは不定期で、かつ種類も決まっているわけではないので、均質で一定量の魚が必要となるエサ用には向かないためだ。もうひとつは冷凍することで魚に付いている寄生虫が死ぬ。イルカへの寄生虫感染を防げるのだ。

さて、解凍したサバをバケツに入れ、イルカが入っている太地港内の生け簀に向かう。生け簀は網で区切られており、ひとつの区画には2〜4頭程度が入っている。

生け簀に入れた直後は、人を怖がり、とても手渡しで食べるイルカはいない。そこで、海面にサバを投げ入れる。初めは食べない。食べものだという感覚がないのだろう。野生の生活で、死んだ魚を食べることはまずないはずだ。それでも、腹は減る、多くのイルカは2～4日ほどで食べ始める。真っ先に食べたイルカ、群れの仲間が食べ出しても警戒してか手をつけないイルカ。この性格の違いは、後々、人に慣れてトレーニングを始めると顕著になる。

真っ先にエサを食べるイルカは、警戒心が低いのだろう。つまり動物としてはやや能力に欠けるのかもしれない。こういうイルカはトレーニングの覚えが悪いのだ。なかなか人に慣れないイルカは、警戒心が高い。こういうイルカは一旦環境に慣れてしまうと、高い学習能力を発揮する。簡単なアクションについては、個々のイルカをトレーニングしなくとも、隣のイルカのトレーニングを見て覚えてしまうという芸当もこなすそうだ。

5章　捕鯨業界のこれから

国際関係で翻弄された200年

国際情勢が生活に直結する、そんなことを私は感じたことがなかった。しかし太地はそういう場所だ。しかも、この200年近くを通じて。

始まりは、1819年のジャパングラウンドの発見報告だ。日本の沿岸にはマッコウクジラがゴロゴロいるぞ、と商船経由で捕鯨船に伝わった。これはアメリカ人どうしのやり取りで、日本人にはまったくあずかり知らぬところだった。その後1940〜50年代を中心に多くの捕鯨船が日本近海で操業していった。

1853年のペリー来航は、一般には通商要求とされているが、何のことはない、アメリ

図33　捕鯨をめぐる国際関係年表

年代	事項
1819年	ジャパングラウンド（日本沿岸のマッコウクジラ好漁場）へのアメリカ捕鯨船初出漁、捕鯨工船史上未曽有の大漁となる
1837年	モリソン号事件（浦賀へ侵入したアメリカ商船に対して砲撃）
1843年	アメリカだけで100隻以上の捕鯨船がジャパングラウンドで操業
1846年	米英など292隻の捕鯨船がジャパングラウンドで操業
1846年	米軍（東インド艦隊）司令官J・ビドル来航
1853年	ペリー来航
1854年	日米和親条約（開国）
1859年	アメリカ（ドレーク油田、ペンシルバニア）で油田発見、大規模油田の始まり
1860年	鯨資源枯渇により約100隻がジャパングラウンドで操業
1861年	石油の普及により捕鯨工船は廃業多く10数隻のみ
1868年	ノルウェー式捕鯨砲が実用化
1878年	大背美流れ、古式捕鯨の壊滅
1903年	前田兼蔵氏、前田式連発午頭銃を発明
1934年	日本の南氷洋捕鯨母船・図南丸、初出漁
1941年	第2次世界大戦の影響で、捕鯨中止
1945年	小型沿岸捕鯨を再開。太地も操業

カの捕鯨船への食糧、水、薪の供給（もちろん売るのだが）が主な目的だったのだ。この事実は捕鯨関係者では、周知のことながら、一般にはあまり知られていないのではないかと思う。

ジャパングラウンド発見以前の通商（開国）要求は、1792年のラクスマン、1804年のレザノフなどロシアばかりだ。こちらは文字通りの通商要求で、シベリア、樺太などの産物（毛皮など）を日本相手に売りさばこうとしたものである。

なぜ、アメリカはわざわざ軍艦を率いてやってきて、捕鯨船への供給のために日本を混乱させてまで開国させたのか？

1946年	国際捕鯨取締条約締結。南氷洋での捕獲が1万6000頭に規制。2船団で南氷洋捕鯨再開、小笠原母船式捕鯨開始
1949年	IWC（国際捕鯨委員会）第1回会議
1951年	日本がIWCに加盟
1963年	頭数国別割当方式へ…日本はイギリスなどからその割当量を購入して、捕鯨船団と捕鯨業を維持したが、結果的に捕鯨を継続した日本とソ連に割当量が集中し、捕鯨国の数は減った。そのためIWCにおける捕鯨国の立場は不利になった
1968年	ノルウェーが南極海捕鯨から撤退。これにより日本とソ連のみが操業を継続（モラトリアムまで）
1972年	ストックホルムでの国連人間環境会議でモラトリアム（一時停止）採択。IWCがモラトリアム否決。国際監視員制度実施
1982年	IWC、商業捕鯨モラトリアム採択
1987年	南極海の調査捕鯨開始
1988年	日本、商業捕鯨中止
1994年	IWC総会、南氷洋サンクチュアリ化案可決
2002年	調査捕鯨（北西太平洋）の拡大、小型捕鯨船の傭船による沿岸性ミンククジラの捕獲調査を開始
2007年	調査捕鯨（南極海）の拡大、ナガスクジラ、ザトウクジラの捕獲調査を開始
2010年	IWC総会、調査捕鯨の段階的縮小と沿岸性ミンククジラの商業捕鯨の再開決定の合意に至らず

それだけ、鯨、とくに鯨油が工業資源として重要だったということもあるが、日本周辺での長期操業を可能にするために開港（開国）圧力をかけるよう捕鯨船業界が米政府に対しロビー活動をしたからだ。アメリカが油のために他国に軍事的圧力をかける、近年も聞いたような話だ。アメリカを擁護するわけではないが、昭和初期の日本の南方進出も油のためだった。国がやることは、何年経っても大して変わらない。

1854年、江戸幕府は開国する。自国の捕鯨産業を壊滅させることになるのを知ってか知らずか、捕鯨船への供給が始まる。紀伊半島の果てにある太地の人々が、開国によってどのような影響がもたらされるのか知る由もなかったと思うが、鯨の数が年々減っていることは身をもって感じていた。先行き不透明なまま、操業を続けるが借金ばかりが増える。1878年（明治11年）、不漁続きを挽回するために、無理な漁をして大遭難事故「大背美流れ」を引き起こす（97～98頁を参照）。それでもゴンドウ漁などで細々と捕鯨は続けていた。

明治後期以降は、大型捕鯨、母船式捕鯨の乗組員を多く輩出してきたが、これも太平洋戦争で船の徴用、人員の徴兵のため中止となる。戦中・戦後は、小型捕鯨が主役となった時期もあったが、1946年にはGHQ司令官マッカーサーの指示により母船式捕鯨を再開。小型捕鯨は圧迫される。

1946年12月、IWCは、国際捕鯨取締条約の採択により発足した（効力発生は1948年11月）。IWCは、「W」がWhale（鯨）ではなくWhaling（捕鯨）であるように捕鯨することを目的とする国際委員会である。日本の加盟は1951年。2010年1月現在の加盟国は88ヶ国で、この中には、大型捕鯨の経験を持たない国も多く、さらにはモンゴルなど海を持たない内陸国も加盟している。IWCが管理する鯨種は、ヒゲクジラの全種類とマッコウクジラ、キタトックリクジラ、ミナミトックリクジラの合計13種だけで、それ以外の種を対象とする捕鯨は各国の管理に委ねられている。たとえば、ツチクジラ、シャチはともにＩＷＣの管轄外で、日本の水産庁の判断により、ツチクジラは沿岸小型捕鯨の捕獲対象種、シャチは捕獲禁止となっている。

英米諸国[(1)]を中心とする「捕鯨モラトリアム」（29頁を参照）の採択により、１９８８年、日本も商業捕鯨を中止。捕鯨業は壊滅する。小型捕鯨業の一部と、イルカ漁のみが生き残った。以後、動物保護団体等からイルカ漁が狙い撃ちされるようになる。

イルカ漁は、開国の影響も、戦争の混乱も、「捕鯨モラトリアム」も逃げのびた。その間、手銛、前田式捕鯨銃、追い込み漁と形を変えたが、生き抜いてきた。これは、産業規模が小さく、個人レベルで保つことができたということと、それだけ意識に根深く張り付いている〝獲物〟なのだろう。保護団体は、メディアを味方に国際問題化をことさらに意図し、さらにロビー活動も厭《いと》わず圧力をかけてくるが、そんなことでは動じないのが熊野漁師である。

(1)アングロサクソン諸国と同義。イギリスと、イギリスの旧植民地のうち、現在も白人色の強い国をさす。本書では、とくに、イギリス、アメリカ、オーストラリア、ニュージーランドの強硬な反捕鯨国をまとめて表したものである。

厳重管理の〝水産業〟

イルカ追い込み漁は生き残ったとはいえ、捕獲対象種、それぞれの捕獲枠(2)、そして漁期も決められており、厳重管理されている。

そして、漁期の全期間ではないが、私がそうであったように水産庁の調査員が常駐し、捕獲物の調査、サンプリング等を行っている。つまり、漁協・組合・調査員と三者による管理が行われており、そこに〝悪さ〟の入り込む余地はまったくない。

「沖」では何が起こっているかわからないことが多い水産業の中で、これはかなり稀有な状態だといえる。鯨類がトン数管理ではなく頭数管理だということもあるが、魚市場の解剖処理場まで個体がわかる状態で運ばれてくるので、頭数を間違えることもまずない。

この現場での管理は十分であり、これ以上の精度は望めないレベルにある。もし、資源管理の不備を指摘するならば、捕獲枠の設定に対して抗議するべきで、漁業活動の現場を批判するべきでない。捕獲枠は、水産庁（厳密には〔独〕水産総合研究センター遠洋水産研究所(3)）が、調査結果に基づき、種別に資源量推定を行い、種別の捕獲可能量を算出している。

ここで重要なのは、資源量推定の精度だ。そのためには十分な調査がなされなければなら

図34　鯨種別に見た太地いさな組合の捕獲割当枠

	2007年度（07〜08年漁期）の捕獲枠／捕獲頭数	2009年度（09〜10年漁期）の捕獲枠
カマイルカ	134／０頭	134頭
スジイルカ	450／384頭	450頭
ハンドウイルカ	842／300頭	748頭
マダライルカ	400／０頭	400頭
ハナゴンドウ	295／312頭	285頭
マゴンドウ	277／243頭	230頭
オキゴンドウ	70／０頭	70頭

注）ハナゴンドウの捕獲頭数は捕獲枠を超えているが、これは、水産庁の報告書によれば、「いるか漁業の管理期間と捕獲統計の期間が異なる」ためだとしている

出典）捕獲枠はイルカ&クジラ・アクション・ネットワークWebサイト http://homepage1.nifty.com/IKAN/、捕獲頭数は水産庁Webサイト「捕鯨の部屋」 http://www.jfa.maff.go.jp/j/whale/w_document/index.html　より引用

ないが、数年がかりの調査が十数年に１回のペースで行われているに過ぎない。北西太平洋を全13ブロックに分割し、ブロック毎に調査船が目視調査を行う。直近の調査は、１９９８〜２００１年の毎年夏季に行われたもので、この資源量推定とそれまで使われてきた推定量をいくつかの種で比べてみると[4]、マゴンドウが１万５０５７頭（以前の推定量：５万３６００頭）、オキゴンドウが４万392頭（同１万６７００頭）、ハンドウイルカが３万８８２９頭（同16万８８００頭）となっている。

イルカは、時速30キロほどで巡航可能だ。１日に400キロ、１週間あれば沖縄から北海道まで移動できる能力を持つ生きものを相手に、

このような精度も頻度も低い調査で資源量を推定することへの信頼性はいかほどだろうか。もちろんまったくやらないよりは良い。緊縮財政の中、水産庁が調査を継続しているだけでも有意義としなければならないが、そういった背景事情とは別に、資源管理そのものに関してはお世辞にも良いとはいえない状況にある。

⑵鯨種別の捕獲枠は、水産庁によると、「小型鯨類（いるか類）については、IWCの管轄外であり、我が国では、イルカ資源も他の水産資源と同様に持続的な利用を達成すべきとの観点から、関連道県の許可制度を通じてイルカ漁業管理を行っています。捕獲枠については、（独）水産総合研究センター遠洋水産研究所が実施する調査結果に基づき、種別に資源量推定を行い、種別の捕獲可能量を算出し、漁業実態に合わせてイルカ漁業を行っている道県に配分」（水産庁Ｗｅｂサイト「捕鯨を取り巻く状況」より）したものを、太地いさな組合の割当枠については、和歌山県知事が認可する形式となっている。

⑶捕鯨の管理を行う水産庁には、事務方として遠洋課捕鯨班がある。調査等の現場に関わる部門は、独立行政法人の水産総合研究センター遠洋水産研究所に鯨類管理研究室と鯨類生態研究室があるが、それぞれ室長以下３名ずつの小所帯で、とても捕鯨大国を標榜する国の中央省庁の研究所とは思えない、

お寒い状況が長らく続いている。

⑷1998〜2001年の4年がかりの調査の前は、1983〜1991年の9年にわたる調査である。目視データ解析手法の発達などがあるので、新しい調査の信頼性は高いと期待したいが、2倍に増えた種（オキゴンドウ）がある一方で、4分の1に減った種（ハンドウイルカ）があるなど、資源量の変化として急すぎる感がある。これには、両調査の調査海域が多少異なることも関係するはずだが、イルカ追い込み漁が操業する海域は両調査ともカバーしており、またこの資源量推定を元に水産庁は捕獲可能数を決定しているので、前回調査と今回調査との資源量変化の原因に、調査海域の違いを挙げることはできない。

なお、現在は2007〜2011年の5年計画の資源量調査が進められている。

海洋をコントロールできるのか

水産庁などは「資源の持続的利用」をアピールしている。魚食者としての鯨類の個体数をコントロールし、かつ鯨類のエサでもありヒトにとっての食資源である魚も確保できるという一石二鳥の考え方だ。

世界人口はまだまだ増加傾向にあるのに、食物を確保するための「緑の革命」第2弾は期待薄だ。そこで海洋資源に目を向けよう、「資源の持続的利用」を進めようという、この思想には賛成だ。しかしこれには、人類が魚や鯨をふくめた「海洋全体をコントロール」できるという絶対条件が必要となる。この条件を満たすことは、現在の科学技術では不可能だと私は考える。少なくとも、今後も数十年の間は無理だと思う。

それでも、鯨の管理は可能ではないか。そう考える人は、専門家にも一般の人にもいる。なぜか?

おそらく、そういう人たちがイメージするのは、鯨の管理はある1種類の鯨種（たとえば、ミンククジラ）を決めてそれを牧場のように生産管理するというものではないか。しかし、鯨類の資源管理では、ある1種類を対象とすれば済むわけではない。熱帯域から南極海や北極海まで80種もの鯨類が生息しているが、その管理は、海洋そのものの管理に匹敵する。広く薄くさまざまな生きものが存在するのが、自然界。必要なものを集中しているのが牧場や畑だ。畑（単一種）の管理と、鯨の管理とは違うのだ。

考えてみてほしい、世界の海に比べたらほんのちっぽけな霞ヶ浦で（あるいは想像しやすい湖沼池川どこでもよい）、ブラックバスやブルーギルなどの外来種が大増殖しても何もできなかった。そんな〝実績〟は一顧だにせず、「資源の持続的利用」の可能性を語る。そりゃあ、できればいいが、〝できればいいこと〟なんていくらでもある。できればいいことがすべてできれば、世界は桃源郷になっている。

推定と予測の難しさ

自然環境をコントロールする能力は、まだまだ人類には不足している。コントロールするためには、現在の資源量（生息数）の推定と、将来予測（シミュレーション）に関する正確な式が必要になる。これを高い精度でつくれるかどうかにかかってくる。

身近なところで天気予報を例に〝予測〟というものを考えてみよう。

全国数百ヶ所に観測機器を設置し、海洋ブイ・船舶・航空機・人工衛星からも情報を得てそれをスパコン解析している。莫大な費用がかかるが、天気は国民生活に大きな影響を与えるので、その必要性から認められている。しかしどうだ、気象庁の天気予報の精度は自己評価では8割以上の評価をしているようだが、生活感覚では6割ほどではないだろうか。気象庁を非難しているのではない。自然環境相手の予測はとても難しい、ということがいいたいのだ。

余談になってしまうが、環境「予測」では、温暖化が迫りくる危機としていわれている。

この温暖化の予測について、ある授業で議論していたところ、「温暖化は気にしない」ときっぱり言い切った学生がいた。なぜかと聞くと、「明日の天気予報が当たらんのに、50年後100年後の気温が当たるはずがない」という。このコメントにはいい意味で面喰らった。授業では、温暖化は予測であり、いろいろなシミュレーションによって温暖化の幅は異なる、と伝えてきた。私自身は温暖化そのものには懐疑的で、どちらかに変化が起こるなら寒冷化よりも温暖化のほうが何倍もよいと考えているので、授業をしながらも、どこか自分の中で「ほんまかいな?」「根拠は?」とかすかな疑念を抱えたままだった。それをこの学生のコメントは、ぶった切ってくれた。

〝予測〟はあくまで予測、可能性のひとつとしてとらえるべきである。

鯨の資源量推定に話を戻そう。まず、資源量推定を行う。鯨類の全頭調査(たとえば、1頭ずつ捕獲して、標識タグを付ける)など不可能なので、ライントランセクト法(調査海域に調査船の航行ラインをあらかじめ設定し、そのライン上を定速航行しながら調査線付近で発見された鯨の数と発見位置までの距離などから資源量を推定)などの資源量調査方法を用いて予測することになる。当然、調査方法およびデータ解釈により推定資源量は(大きく)変化する。次に、出生率・死亡率などによる増加率を考えて、利用できる資源量(毎年利用しても資源量を減らすことのない捕獲頭数）を予測することになる。が、これもちょっとしたパラメータの違いで利用してもよい資源量（捕獲頭数）は変わってくる。この持続的な利用は、貯金の利息を生活費にするイメージだ。貯金元本が鯨類の資源量にあたり、利率が増加率、利息が資源量×増加率になり、この利息で生活をやりくりする。つまりこの利息が、捕獲可能な鯨資源量にあたる。

資源量も増加率もそもそも予測であるので、予測×予測は、（これを一生懸命算出している専門家には申し訳ないが）かなり精度が低いもの。さしずめ、大まかなどんぶり勘定くらいに受け取るべきだ。ただし、現状では他に参考にするものもなく、資源の持続的利用を考えるならば、この〝推定値〟に頼らざるを得ない。

調査捕鯨のゆくえ

次に、イルカ追い込み漁を含めた捕鯨業界は、今後どのように変わっていくべきかについて考えてみたい。

まず、南極海の調査〝捕〟鯨はやめよう(5)、鯨調査に変えていこう。これは、捕鯨に反対する国々に屈するのではない。必要量は日本沿岸から捕るべきであり、沿岸で足りなければ北洋、まだ足りなければ南極海まで足を延ばす、これが真っ当な思考ではないだろうか。

鯨肉の消費量から考えたら、イルカ漁を含めた沿岸捕鯨だけで事足りるのではないか。

そもそも、調査捕鯨は何を調査したいのかが伝わらない。調査のための捕鯨なのか、捕鯨のための調査なのか。

たとえば、クロミンククジラの捕獲枠（標本採集枠）は、850頭（±10％）であるが、2008年度は679頭、09年度は506頭しか捕れていない。他の調査（目視、バイオプシー）もあり、また、シーシェパードの妨害もあったので、一概にはいえないが、この捕獲枠の設定は、調子が良ければ捕れる、というような設定基準なのではないかと疑いたくなる。資源量調査のためにどうしても850頭の捕獲が必要だというのであれば、船団を増強してでも捕獲しなければならないはずだ。

92～04年まで、IWC日本代表団の交渉担当を務めた小松正之氏（政策研究大学院大学教授）が『世界クジラ戦争』（PHP研究所、2010年）で書いているように、調査捕鯨そして捕鯨交渉が「組織の維持や、そこに再就職する役人などの天下り先の確保といった矮小な理由」のためであってはならない。

天下り確保のためというのは差っ引いて考えても、今の捕鯨業界は、〝調査捕鯨〟業界に堕《お》ちた感がある。調査捕鯨を終わらせて、商業捕鯨を再開する意気込みは少なくともメディアを通しては伝わってこない。

また、ＩＷＣについては、その資源管理が、「生物学的立場のみに立ったあまりに動物保護的色彩の強いもので、人間の側の問題を軽視している」という批判が『くじらの文化人類学』でなされている。この報告書は、カナダ・アルバータ大学のボーリアル北方研究所が中心となり、作業会議を重ね、日本カナダ社会科学協会と共同して１９８９年に出版したものである。今から20年以上前の構想によるもので、当時、海外研究機関がこのような企画を立て、人の営みを伝えようとしたことには敬意を表する。しかし残念ながらＩＷＣが「人間の側の問題を軽視」する姿勢はまったく変わっていない。

こんなしがらみだらけの業界、先を見据えない水産官僚、相変わらず混乱続きのＩＷＣ……面倒くさいコトだらけの業界の先は明るくない。

このような中にあって、イルカ追い込み漁は、いわゆる捕鯨には分類されず「いるか漁業」として一般漁業の一分類と扱われてきたために、結果的に、唯一、完全自立の超小型捕鯨集団として生き残ってきた。

本書では、追い込み漁が古式捕鯨の技術をつなぐものとして、文化的な側面を強調してきたが、同時に、日本唯一の商業捕鯨集団として「太地いさな組合」の役割、存在価値は極めて大きい。

⑸29頁でも触れたように、２０１０年6月に開かれたＩＷＣの第62回総会では、事前に議長提案として、調査捕鯨の段階的縮小と沿岸商業捕鯨の再開がセットで議論された。この案は、国内でも賛否が共にあるものの、小型捕鯨業にとっては朗報だ。調査捕鯨の縮小にともなって鯨肉流通量も減少するので、いさな組合はじめとする、いるか漁業の関係者にとっても鯨肉価格上昇の恩恵にあずかれる。沿岸捕鯨では、南極海調査捕鯨に比較し、鮮度の良いものが水揚げされてくるので、流れとしては流通量を抑え価格を上げる「高級食材化」が期待できる。しかしながら、議長案は、少なくとも今年（２０１０年）は総会での合意に至らず先送りとなった。

【コラム：イルカの行動観察学5】 休息行動

動物が何かを頼る理由は、（1）捕食向上：エサを上手く採るためか、（2）被食回避：自分がエサにならないためである。ゴンドウ類がハンドウイルカを頼る理由も同様に考えられる。

まず、ゴンドウ類はハンドウイルカと混群を構成することで捕食向上が期待できるだろうか。ゴンドウはイルカに比べると、より深い場所、イカを好んで食べるといわれるが、同一群（混群）のそれぞれが同じエサを食べているのか、別のエサを食べているのかといった情報はない。また、ゴンドウに比べて、イルカのほうがエサ探しに長《た》けているという報告もないので、ゴンドウにとって混群をつくることが捕食向上の意味を持つかどうかは不明である。

イルカ類の行動研究のパイオニアであり、泰斗であるK.S. Norris博士は、ハシナガイルカとマダライルカの混群について、エサが異なるため、一方の活動時間帯に、もう一方が安心して休息できると考えた。活動時間帯には十分な警戒も行えるためである。この考えは、ふたつめの理由の被食回避にあたる。これと同様にゴンドウ類が被食回避を目的にハンドウイルカを頼っているという可能性はあるだろうか。Norris博士が挙げた、ハシナガイルカとマダライルカは、ともに体長約2メートルで、大きな体格差はなく、どちらかがどちらかを守っているような印象はない。これに対して、ゴンドウ類はハンドウイルカよりも大きく、マゴンドウであれば、その体格差は1メートル以上にもなる。大きな動物が小さな動物に守ってもらうようなことがあるのだろうか？

この考察を進めるために、ここで休息行動について考える。イルカの休息行動には3タイプあり、それぞれ浮上休息、着底休息、遊泳休息と呼ばれている。このうち着底休息は船上観察では確認できないので、除外して考えると、浮いたまま休む（眠る）か、泳ぎながら休む（眠る）ことになる。文献や目撃情報などから考えると、大型の鯨類は浮上休息を行い、小型の鯨類は遊泳休息を行うようだ。実際に筆者の船上観察では、マッコウクジラやツチクジラは海面にぽっかりと浮かんでいることがしばしばあり、このような時の反応性の低さは、休んでいるどころか、眠っていると考えてもよいだろう。

一方、イルカはというと、こちらは水族館での飼育個体の観察事例になるが、小さなイルカほど遊泳休息が多くなる傾向があるようだ。ハンドウイルカよりふた回りほど小さなカマイルカが浮上休息や着底休息をすることはほとんどない。この遊泳休息は、脳を左右半分ずつ眠らせる「半球睡眠」の状態だといえる。遊泳休息中は脳の半分が起きているので、泳ぎ続けることもできるし、周囲のモニタリング（外敵の警戒や群れの状態の把握）も可能となる。

さて、ハンドウイルカは、浮上休息も遊泳休息もどちらも行うが、水族館の観察結果からは、より深く眠れる浮上休息を好む傾向が示されている。しかし、船上観察でハンドウイルカの浮上休息が確認できたことはない[(1)]。ゴンドウ類も同じように浮上休息を好むはずだ。

浮上休息は、休息の程度が深いのでモニタリング機能も低下してしまう。そこで、ゴンドウ類はハンドウイルカの群れに寄り添うことで、自分は深く休み、遊泳休息しかしないハンドウイルカに、モニタリング機能を任せる作戦なのではないだろうか。

これを示唆する観察事例がひとつある。追い込み漁で出漁中にマゴンドウを発見した。私は発見位置に近い船に乗っていたので、双眼鏡でのぞくと、まだ追い込み漁船の存在に気付いていない鯨群が見えた。無線では、マゴンドウだと伝えてきたが、よく見るとハンドウイルカとの混群である。マゴンドウ、ハンドウイルカともそれぞれ40頭ほどだろうか。

この時のまだリラックスした状態の鯨群は、海面にぽっかりゆらゆら浮かんだマゴンドウのまわりを、ハンドウイルカがゆっくりと泳いでいる状態だった。

当時は、おもしろいものを見られたなぁ、という程度の気持ちだったが、その後、イルカの睡眠研究をテーマにしてから思い返すと、まさに役割分担というか、マゴンドウが深く休むための混群ではないかと思えてきた。

体長5メートルにもなるマゴンドウの外敵は何？　と聞かれることがある。実際のところ、健康な成獣にとって外敵はいない。しかし、幼獣や衰弱した個体は、容易にシャチや大型サメの餌食となりうる。特に、鯨類にとってシャチの存在はとてつもない恐怖のようである（コラム6を参照）。どんな動物も食べられてしまったらそれで終わりだ、この1回きりのイベントは何としても避けなければならない。だから、どんなに可能性が低くても、捕食回避の努力を怠るわけにはいかないのだ。

(1)浮上休息も遊泳休息も可能な環境であれば、より深い休息である浮上休息を行うことが考えられる。ハンドウイルカが海で浮上休息をしないのは、海面安定性の不足があげられる。サイズが大きいほど、波の影響を受けにくく、多少の波でも海面に浮いて静止できる。ハンドウイルカ程度の大きさでは、飼育環境の静かなプールでは水面停止できるが、海では波も潮流もあり海面静止が困難なのだろう。

　ハンドウイルカが海洋で浮上休息を「しない」証明は難しいが、私自身は目撃したことがなく、漁師数名に聞いても「ない」と返事をもらった。また、伊豆諸島御蔵島でイルカの観察歴が長いガイドたちや研究者も、「見たことがない」という返事だった。

6章　鯨を食べるということ

国際的に認められている先住民生存捕鯨

今の時代にイルカやクジラを捕って食べることはおかしいのだろうか。人は、いや、生きものは、何かを食べて生きていかねばならない。その何かは往々にして、他の生きものである。だとすれば、鯨を食べることに批判が上がることは、生きものだからではない。野生動物だから問題になるのだろうか？

ＩＷＣは、加盟国における捕鯨を管理し、商業捕鯨は一時停止状態（モラトリアム）であるが、例外的に〝先住民生存捕鯨〟が世界の数ヶ所で認められている（図35）。これは、「地域に密着した伝統で生存に直接必要な捕鯨」とされるもので、ＩＷＣ的思考としては珍しく、人の生活に視点を置いた措置で、その意味で評価できる。

たとえば、ベーリング海〜チュクチ海（チュコト海）〜ボーフォート海海域のホッキョククジラについて、２００８〜２０１２年までの間に280頭（１年平均で56頭）捕獲できる（１年間での銛打ちは67回を超えないこと）とする先住民生存捕鯨捕獲枠がコンセンサス（無投票による全体合意）で設定された。この海域におけるホッキョククジラの生息数は８０００〜１万頭と考えられている。この、年平均56頭の捕獲は、最低資源量８０００頭の０・７％に当たり、ホッキョククジラの自然増加率は約３％と考えられているので、資源の利用として問題ないとされる。

先住民生存捕鯨は、他にもグリーンランドとカリブ海の一部の国で認められている。これらは先住民の生活保護のため例外的に認められたとされているが、先住民生存捕鯨だからといって、なにもかも伝統的な様式を保っているわけではない。船も、用具も、処理も、流通も現在様式にまったく関わることなく行うことはできない。

先住民生存捕鯨の必要要素に、鯨肉を商業流通させていないことが挙げられる。太地では、鯨肉はもらうもので基本的に買わない、非商業的分配が主流であることは第２章で述べた。これは、追い込み漁の捕獲物でも、沿岸小型捕鯨の捕獲物でも同様で、地域的な特性と考え

図35　世界の捕鯨地域（先住民生存捕鯨）

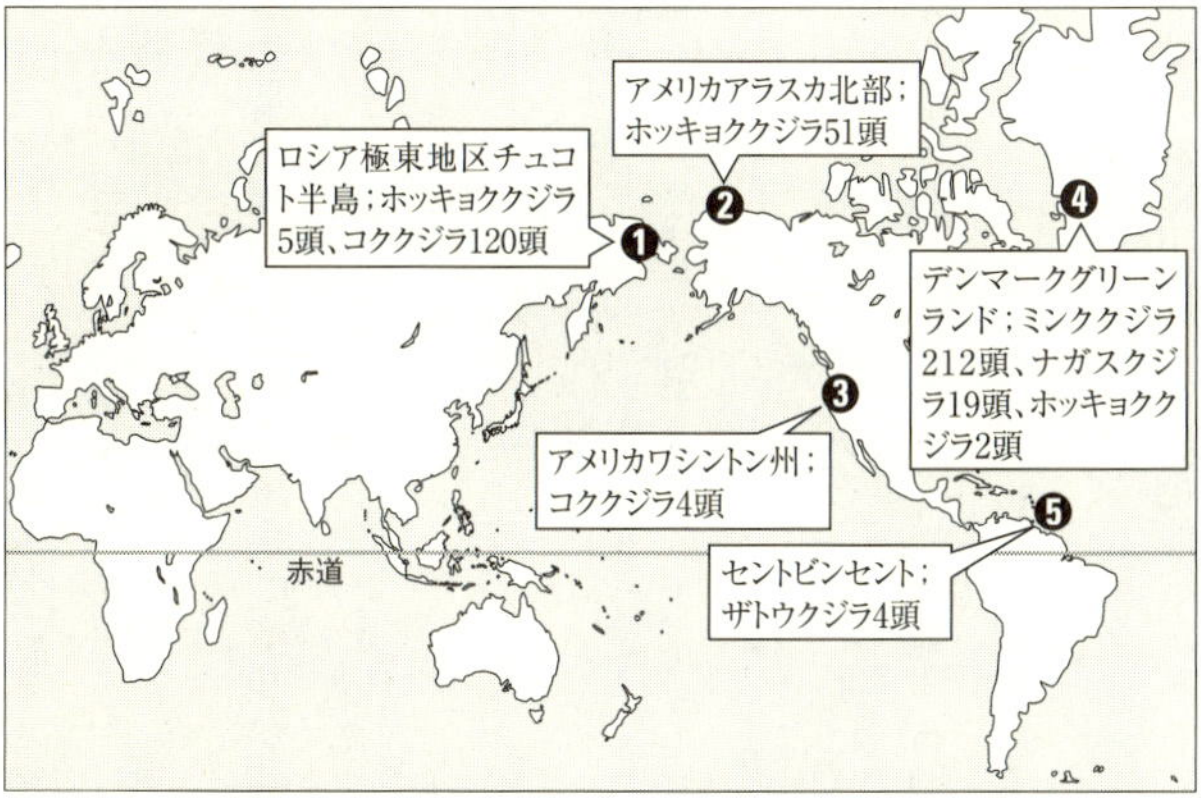

先住民生存捕鯨が行われている地域は、北半球の先進国ばかりだ。なお頭数は年間当たりの捕獲枠を示す

てよい。捕鯨モラトリアム以降、太地を含め日本中で鯨肉の供給量が減り、その結果、太地でも鯨肉の供給量・流通量は減っている。「太地でさえ捕鯨文化は風前の灯《ともしび》だ」などとささやかれることもある。実際に1人当たりの消費量は減っているだろう。しかし、非商業的な分配に重きが置かれ、そしてその仕組みが今なお残っていることは、そのまま文化の根の深さを物語るものだ。

通常の商業捕鯨とも、先住民生存捕鯨とも異なる捕鯨の存在は、それ自体が、日本の捕鯨文化の多様性を表している。特に太地に関しては、沿岸小型捕鯨のみが地域の捕鯨文化を表しているわけではなく、イルカ追い込み漁などと相まって形成されている。本来、先住民生存捕鯨は、地域を考える仕組みであり、沿岸小型捕鯨という捕鯨の一タイプについて評価するべきではなかったのだ。

文化とは、固定されたものではなく、変化していくものだ。現在の追い込み漁が40年ほどの歴史しかないとか、沿岸小型捕鯨が捕鯨砲という近代的な装備で捕鯨を用いるとか、そういった特徴は、時代の変化に合わせた文化の変化であり、一連の捕鯨文化からは決して逸脱したものではない。

捕鯨は日本の文化か

「先住民生存捕鯨」のみならず、イルカ漁を含めた捕鯨は、すべてその必要性、すなわち食べるための手段として始まったはずである。現在もこれに関わる漁師たちにとっては、生計を立てるための手段であることに変わりはない。イルカがいるからイルカ漁ができて、鯨がいるから捕鯨が発達する。鯨に対する関わりの深さ、つまり捕鯨文化あるいは鯨食文化になじんでいるかどうかは、日本の国内にも大きな地域差がある。日本人どうしでも、この認識が薄いがために混乱を招く。

捕鯨に強く関わってきた地域があり、別の地域では年に数回の鯨肉の食文化があり、あるいはまったく鯨に関わることのなかった地域がある。これが文化の多様性だ。各個人の背負う文化が異なる以上、「日本の文化」を総意として表そうとすることが無理なのだ。たとえば、日本には、昆虫食の文化を持つ地域がある、同様に、豚足を食する地域がある、それらと同列に鯨食する地域があるという姿勢で良いのではないだろうか。

日本は決して均一な文化ではない。冠婚葬祭、衣食住、あるいはゴミの捨て方ひとつとっても地域性がある（太地には、「もえるゴミ」等と並んで「貝類」という分類がある！）。引っ越し先の新居で、あるいは配偶者の実家で、文化的な違いを実感したことがない人は少数ではないか。

コトバにこだわると、「日本には捕鯨文化がある」と「捕鯨は日本の文化である」との違いは大きい。たとえると、「飲酒は日本の文化」というのと、「日本には飲酒の文化がある」の違いだ。前者は、飲酒が日本に特徴的な文化であるとし、後者は、飲酒は多くの国でその文化があり日本にもあるというニュアンスだ。捕鯨についても同様に、多くの国に捕鯨をする文化があり、日本にもある。これが正しい。「捕鯨は日本の文化」とするのは、捕鯨は日本を代表する文化、あるいは日本固有の文化としたい思惑があるように感じる。

捕鯨そのものに私は賛成だ。ただし、捕鯨する場は近場がよい、日本沿岸だ。地産地消の

図36　日本の捕鯨地域(小型捕鯨といるか漁業)

江戸期に捕鯨業が活発だった九州・四国には、捕鯨業は残っていないが、食文化は各地に残る

● 小型捕鯨(処理場〔港〕(注))
□ いるか漁業(許可を出している道・県)

(注)釧路は調査捕鯨、その他は商業捕鯨
＊小型捕鯨の操業海域(捕獲場所)は広く、たとえば和田で解剖するツチクジラは伊豆大島近海や銚子沖まで捕りに行くこともある。が、どんなに遠くで捕獲しても最寄りの港には水揚げできず、和田へ持ち帰らなくてはならない
＊いるか漁業は、県が認可を漁船に対して出しており、水揚げ港の指定はない。たとえば太地周辺の突きん棒漁で見ると、認可されている船は太地、勝浦、三輪崎、古座等の漁港にあり、水揚げされるのはほとんどが太地か勝浦である

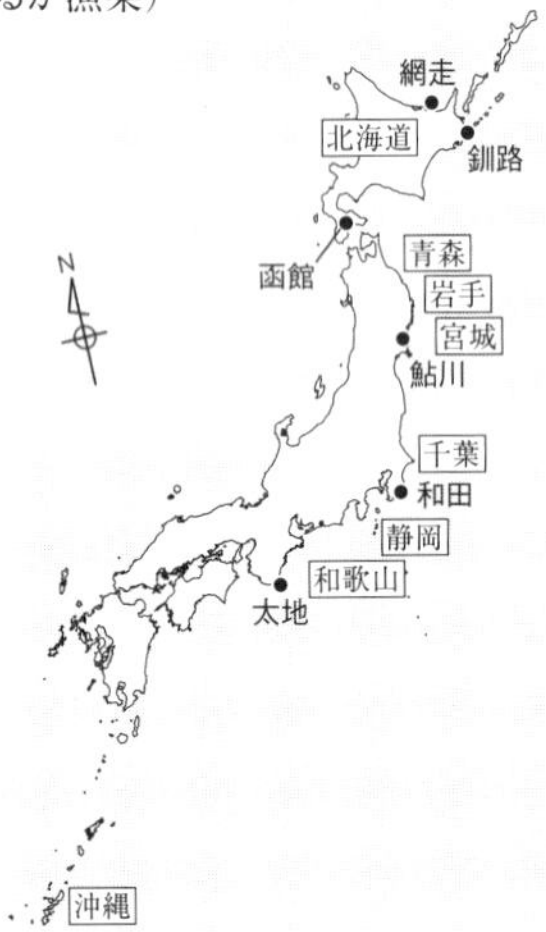

精神でもよい。もし消費が増え、供給が追い付かなくなったら、沿岸では足りなければ遠洋、そして南極海へ行けばよい。捕鯨の発達はそうしたものだったはずだ。沿岸で、きちんとした資源管理の上、堂々と商業捕鯨を展開すべきである。

繰り返す。日本には捕鯨文化がある。日本の捕鯨文化は地域ごとに多様であり、それが文化の深さを表している。たとえば、現在の水揚げ港である鮎川地区（宮城県石巻市）周辺ではツチクジラを生食する。いっぽう、同じく水揚げ港である和田浦周辺（千葉県南房総市）では、生食することはなく、もっぱらタレと呼ばれる干物にする。

めざすは松阪牛

このように地域によって多様な鯨食文化がある一方で、水産庁はここ数年、流通量を増やし価格を下げることで鯨肉の消費拡大を図る政策をとってきた。実際に、鯨肉の市場価格は若干下がり、居酒屋、大学生協などでも鯨肉を使ったメニューを見かけることが増えた。大学生協東京地域センターに問い合わせたところ、「クジラカツは定番メニューとして東日本地区（北海道〜東海）で出しています」との回答だった。その意味で、鯨肉食の裾野は広がったといえる。しかし、この手法で鯨肉が一般食肉と並ぶような地位をふたたび得ることができるかというと、はなはだ疑問である。

このままでは、それほど価格は高くないが珍しいモノ。つまり珍味珍品の座へまっしぐらに向かう（すでにそうかも）。この座を狙うべきではない、めざすは松阪牛のような、ブランド高級食材だ。たとえば、太地鯆《いるか》・太地鯨といったブランド化をめざす。実際、「尾の身」は、鯨一頭からわずかしか取れず、味もよいので、大トロを超える高級食材として、知る人ぞ知る一品になっている。この尾の身の知名度を上げるとともに、これに続く形で肉のランク付けを行えば、マグロでいう赤身、中トロ、大トロのように手をつけやすくなるのではないだろうか。

90年代後半に、調査捕鯨の捕獲頭数が現在よりも少なく、鯨肉流通量が現在の半分程度の2000トン台だった頃は、自然と高級食材化していた。約10年間に、流通量は倍になり、その結果、鯨肉、とくにゴンドウ類とイルカ類の肉単価は半額以下になった。捕鯨業界の中で唯一大企業である共同船舶を中心とした調査捕鯨関連集団は、これでも良いだろう。薄利多売である程度の利益確保もできる。しかし、いさな組合に限ってみれば、この間、捕獲頭数がほぼ同じで、単価が半分になれば、水揚げ高が純粋に約半分になってしまう。

収支の悪化は、漁師にガツガツした漁をさせてしまう。

捕獲枠のある限りどんな群れでも狙う。わずか数頭の群れも狙う。小さな群れは一部も逃すことなく全体を追い込みやすい。まさに一網打尽となってしまう。あるいは小さな個体ばかりの群れを狙う。これはメスや子どもなど未成熟個体が多い群れであることを意味し、資源管理の面では最悪となる。漁師もそのことは知っており、余裕があれば捕らないで済む群れなのだ。

これには、捕獲枠が重量でなく頭数で決められていることが原因のひとつである。大きな個体も小さな個体も同じ捕獲枠1となるわけだが、水揚げ価格では10倍にもなることがある。余裕さえあれば、大きな個体を選んで捕ることを当然考えるが、余裕がなければ片っぱしから追い込む。そうすると小さい個体も多いから肉の量も状態も悪く、競りで買い叩かれることになり、収入減へつながり負のスパイラルに陥るのだ。これは何としても防がなければならない。つまり漁師と鯨の双方を守るため、高級食材化を中長期的に考える必要がある。

鯨肉は必要か？

鯨肉のあり方を考える時、長くIWC日本代表団代表代理を務めてこられた、先出の小松正之氏が気になる発言をしている。

『朝日新聞』（2010年4月17日付）の「オピニオン欄」で、調査捕鯨の捕獲実績が低いこと（最大935頭の計画に対して506頭の実績）について、「鯨肉が売れないからだ」と語っている。売れないから捕らないとは困った話だ。調査のために必要な捕獲頭数を決めているのではなかったのだ。売れるか売れないかで捕る捕らないを決める、こんな進め方は科学的調査ではない。

小松氏が売れないという鯨肉、毎年の供給量はざっと6000トン。その内訳は、調査捕鯨による鯨肉供給量が4000～5000トン程度、他に沿岸小型捕鯨によるものが100トン強、イルカ漁全体で1000トン程度を合計し、見積もって6000トンとなる。これを日本の人口1億2000万人で割ると1人当たり年間消費量はたった50グラムとなる。ちなみに吉野家の牛丼大盛りが約100グラム、マクドナルドのハンバーガーのパティが約30グラムである。つまり、平均すると、1人当たり1食に満たないのだ。実際には、年に数回食べる人とまったく食べない（ここ数年食べた記憶がない）というタイプに分かれるのではないだろうか。この消費量のレベルは、珍味か超高級食材かのどちらかに相当する。日常の食材ではありえない。

捕鯨者側の経済性を考えると、繰り返しになるが松阪牛タイプの超高級食材化をめざすべきだ（個人的には鴨肉程度のポジションになってほしいと願う）。おいしい鯨肉をきちんと調理すれば、他の食肉のように扱える。生肉の刺身ばかりでなく、煮込み、ステーキどれもおいしく頂ける。

ただし、食材としての鯨肉を考えた時、他の食肉に勝てないことが一点ある。肉質改善をできないことだ。牛も豚も鶏も、品種改良され、エサを変え、飼育環境を変えて、どんどんおいしくなる。この点で、鯨肉は資源管理が可能になっても、肉質管理までは夢の話だ。「改良」好きな日本人が、常食する肉として、ずっと変わらない野性的な肉の味を楽しめるかというと難しいだろう。

これらを踏まえてもなお、「日本人は鯨肉を必要としている」という意見は一部に根強い。私は関東出身、関東在住で、鯨食環境は「大型スーパーの魚売り場の隅っこに少し鯨肉が売られている」程度で、それを買うこともない。なぜかといえば、あまりおいしそうには見えない肉が、国産牛肉と同じような価格だからだ。これでは勝ち目がない。

このように、日常生活では、鯨肉が必要と思ったことはないが、太地ではやはり鯨肉が食文化の一部である。しかし、その太地においても次第に鯨食人口は減っているようだ。追い込み漁師の家庭でも、「子どもはほとんど食べない」という声も聞く。世間的な太地のイメージは宣伝されているように「くじらの町」であり、日常食として当たり前に鯨肉が出てくる光景を思い浮かべるかもしれないが、実際には、こんな家庭はごく少数だ。太地においても、年数回しか食べないという人が多数派となってきている。これは、食べたくないというよりも、旧来からの習慣で鯨肉は買うものだと考えていないためということにも起因する。捕鯨モラトリアム以降、太地での鯨の水揚げが大幅に縮小して、一般流通以上に非商業的流通が減ってしまったこともある。

もし、鯨肉の消費量を何倍にも高めたいのならば、数年間、大出血サービスで水産庁は鯨肉を放出すればよい。豚よりも鶏よりも安くなれば、この不況、子育て世代はこぞって鯨肉を食べるようになるだろう。

先述したように現在、大学生協の食堂でもクジラカツがメニューになっている。しかし、これが230円ほど。一方で鶏の空揚げが180円ほど。この価格差を逆転するくらいでないと、アピールにはならない。

どうせ、税金を投入している調査捕鯨だ。「調査はすべて税金で行います。ただし、鯨肉は破格（ほぼ無料）で卸します」とした方が理解を得やすいのではないだろうか。私の持論は「高級食材化」であることには変わりはないが、現在の普及策は低価格化という意味でも中途半端である。どうせこの方向に進めるなら、〝無料配布〟に近いことを行うくらい思い切るべきだ。

現状は、鯨肉は高いし、その上税金を投じている。だから批判も出る。だが、全額税金でまかなわれている宇宙関連事業は、捕鯨ほど批判は浴びていないはずだ。大学自身が、近年は「役に立つ」研究とその成果を求めるが、一般社会は、まだ「夢」のある研究や開発に理解があるのではないだろうか。それゆえ、宇宙開発や深海探査に対して「仕分け人」は批判をしても、一般世論で批判は少ない。一方の調査捕鯨は、鯨肉販売で収入がありながら、税金も投入するという、科学なのか、商売なのかわからないグレーさが、より批判を巻き起こしてしまうのだろう。

水銀汚染の問題

ここで話は変わるが、鯨肉に含まれる水銀について不安視する声が報道されているので、太地で行われた健康調査について触れておきたい。

結論からいうと、２０１０年5月9日付の環境省の報告によれば、鯨肉を多く食べている太地町民に健康障害はまったくない。

この調査の結果について見ていこう。環境省（国立水俣病総合研究センター）は、２００9年夏季と２０１０年冬季に、太地町民の約3割に当たる１１３７名を対象に毛髪水銀濃度の測定を行った。水銀濃度は平均で男性11・０ｐｐｍ、女性6・63ｐｐｍ、と国内他地域14ヶ所の平均値の約4倍に達したが、水銀（メチル水銀）中毒の可能性を疑わせるものは認められないとする結論を出している。ＷＨＯの環境保健基準では、毛髪水銀濃度50～125ｐｐｍで5％の人に神経障害の初期症状が表れるとしている。この範囲の濃度が計測されたのは42名、この範囲をも超え139ｐｐｍを記録した人が1名いる。単純計算で、2名に「神経障害の初期症状」が見られる可能性があるが、139ｐｐｍの1名（捕鯨関係者ではない漁師）を含め、だれひとりとして、水銀中毒の疑いはなかった。これはふたつの意味で驚きだ。ひとつは、検査対象者の3.8％もの人がWHOの環境基準を超えた水銀濃度を示したこと。もうひとつは、そのだれもが水銀の人体への影響が見られなかったことだ。

報告書では、太地町民の毛髪水銀濃度が高いことについて「クジラやイルカの摂取と関連」を示唆しているが、最高濃度記録者は、捕鯨関係者ではないことから、格段に多くの鯨肉を食したとは考えにくい。また、別の調査対象者は1回目（夏季）調査で、30ｐｐｍを超える結果にショックを受けて、鯨肉摂取を止めたにもかかわらず、2回目（冬季）調査で上昇し50ｐｐｍを超えてしまった人もいるそうで、鯨肉と水銀との関連が明確とはいえないような気もする。

また、報告書では、高濃度者のだれにも身体的影響がなかったことについて、セレンの関与を示唆している。セレンは、体内で水銀と相互作用し、水銀毒性を減弱する物質で、魚介類に多く含まれる。セレンのおかげで、神経障害の発症が抑えられているという考えだ。ただし、太地町民のセレン濃度は日本人の一般よりやや高い程度だとしている。

セレンの関与もあると思うが、私は水銀の〝由来〟を重視したい。水銀中毒で思い浮かべるのは水俣病だが、その原因は工業排水だ。こういう人工的な水銀汚染と、自然界で何億年も繰り返されてきた食う食われるの関係で起こる生物濃縮とでは、体への影響が異なるのではないだろうか。生物濃縮による高濃度化は、いくつもの生物の体を経て、ある意味「生物」フィルターがかかったものだ。非科学的な話になってしまうが、その間に水銀の特性は変化し、あるいは毒性を抑えるような修飾を受けるのではないだろうか。愛知県衛生研究所のWebサイトでは、水銀を解説するなかで、「将来的には生体内における水銀の有用性や必須性が発見されることがあるかもしれません」と結んでいる。一般的に毒と認識されているような物質でもそれなりの役割を持っているのだ。生体内では、硫化水素あるいは一酸化窒素は血管拡張効果を持ち、猛毒とされる一酸化炭素さえも抗炎症効果などの機能を持つことが明らかになっている。

報告書の結びでは、「健康調査の継続が必要」であるとしている。これをもって、潜在的な危険性を指摘する報道もあるが、調査継続は当然だ。なにしろ、「WHOの制限値を超えても何ら健康障害がない」という想定外の事態である。太地のみならず近隣自治体を調査範囲に含めたさらなる精査と、水銀が人体の内部でどのような仕組みで毒性を発揮し、排泄《はいせつ》されていくのかを詳細に明らかにすることは絶対に必要だ。

しかし、メディアによる報道は、過度の感がする。同じく水銀汚染で悪夢のような被害が出てしまった水俣病を「決して再び起こさない」ためのメディアの使命としての〝過剰〟さなのかもしれない。たとえば、朝日新聞社発行の『ＡＥＲＡ』誌（２０１０年５月24日号）では、中吊り広告として〝「イルカすき焼き」で水銀４倍〟のタイトルが躍った。内容を精読すれば、環境省の報告書に従った内容である。しかし、一般の読者、さらに満員電車で中吊り広告を見た人たちは「え？？」っと思うだろう（私だって、中吊りに触発されて買いましたから）。メディアの役割は社会に正しい情報を提供すること、それに従って世間に警鐘を鳴らすことだ。過剰な危機感を煽ることは、その任に当たらない。

食べることへの感謝

本書も終わりに近づいてきた。

私の祖父は獣医として食肉処理場に勤務していたので、〝屠畜〟という仕事の様子を小さい頃から聞いてはいた。しかし、大学の研究室で牛の血液が一定量必要になり食肉処理場へ初めて行った時の光景は今でもありありと思い浮かぶ。

順々に〝その場〟に入ってくる牛、順番になると機械で自動的に固定され、作業員が電極を頭部に押し付ける。瞬間的にグッタリする牛、ほんの数秒大暴れする牛、断末魔をあげる牛。私は、身じろぎもせずに食い入って見ていたのだろう、先輩に声をかけられた時には、本来の作業は終わっていた。その日は、あえて肉を食べた。知ってしまった以上、食べることで、動物としての業《ごう》をきちんと背負わなければならないと考えた。

生きものはすべて、植物もバクテリアも他の生きものに依存して生きながらえている。植物は太陽の光だけで生長しているわけではない。バクテリアが固定した窒素化合物を根っこから吸収し利用しなければまともに生長できない。生きものどうしの循環だ。

循環がなければどうなるか？　落ち葉さえ分解されずに、毎年積もりに積もるばかりになる。落ち葉をバクテリアが食し、分解する。それをまた植物が自分の生長に使う。こういった循環の一部にヒトの活動も含まれている。

何かを食べ、体の中で循環させ、排泄する。その循環が止まれば死だ。食べなければ生きられない。申し訳ないが自分のために食べなければならない以上、その相手に感謝し、余すところなく利用することで義を尽くすことになるだろう。

鯨はとことん食べることができる。2章で触れたように、背骨や肋骨からは〝ホネハギ〟が取れるし、内臓も〝うでもの〟といわれて食べている。

食べなければ人も動物も生きていけない。その食べものを、食べていいものと食べてはいけないものに分ける。これは良くないことだ。

もちろん、個人の好みがあり、あるいは宗教的理由で選別することはあるだろう。でも、それは自分自身の問題に留めるべきであって、他人に強制してはいけない。

鯨を食べたくない人がいる。あるいはいろんな情報を元に食べないほうがいいと判断する人がいる。それはその人の自由だ。しかし、食べたい人がいて、食べられる供給が成り立っている場に対して、〝ケシカラン〟と騒ぎ立てるのは余計なお世話ではないだろうか。

鯨を思う心

日本の捕鯨者にとって鯨は生活のための糧だ。捕れることはうれしい。しかし、その死は「何ともいえない」哀しさを湛《たた》える。この哀しさに押しつぶされないように、漁師たちは神仏に祈りを欠かさない。

「(略) 何分急所を十分に痛め附けられて居る為に、永く荒れ狂う事も叶わず遂に大往生を致すのである。水陸動物中此の最巨大の生物の最後を見届ける時の心境は、如何に国利民福の為とは申せ、其瞬間の気分は何ともいえない感に打たれるものである。心ある者は瞑目唱名致す者さえある」

『熊野太地浦捕鯨乃話』からの引用である。

津本陽の直木賞受賞作『深重の海』で、鯨を怖がる子どもをなだめる婆がこう語る。

「鯨は、わしにくわれて成仏《じょうぶつ》せえちゅうて、取ったらなんまんだぶと拝んだら、それでええんじゃ。殺生《せっしょう》の罪は、それで親様[1]がゆるしてくれる」

生活に必要で鯨を捕る。捕った命には感謝し、その体を存分に利用する。その感謝の心は、日本各地にある鯨の墓として残る。太地でも集落の中心近くにある東明寺に、鯨の墓が現存する（図37）。

図37　太地町民の多くが檀家となっている東明寺。その本堂近くの鯨の墓（左）は、町を見下ろすように建つ。“亡鯨聚霊塔”と刻まれている

太地では、100年以上前の「大背美流れ」の事故が、まだ人々の記憶に残っている。生きものに対して、畏怖することと、その同じ生きものを食べることは決して反するものではないし、何ら違和感のあることではない。自分たちも鯨も同じ土俵の上にあるとごく自然に考えられるからだ。

ふたたび、『くじらの文化人類学』から少し長

いが引用する。

「捕鯨者も自然の生態系の一部であるという考え方の存在は、捕鯨者たちが、捕鯨技術と鯨の繁殖、回遊、索餌行動に関する広い知識をもっていることを示している。つまり鯨と自然と人間の間に存在する親密な関係を熟知しているのである。これは単に海洋生物に関する『幼稚な』知識ではなく、何世紀もかけて学習された文化的知識であり、人類全体にとっても価値のあるものである。この生態系的知識は信仰によって強化されている。それは、『子鯨を連れた母鯨を捕獲しようとしたために』一一人もの鯨捕りが死んだ太地の大遭難のような、海難事故の受け止め方とその原因帰属のとらえ方にも明瞭に表われている。この出来事は、今日捕鯨コミュニティーの世界観の中にしっかりと組み込まれている。われわれの考えでは、このような信念は、正当な土着の資源管理体制の一部とみなされるべきである」

生態的な知識を信仰で包むことで強化する。この理論の発見はすばらしい。人は感情の生きものだ。科学的にどうこういわれても感情論が優先する。これはＩＷＣの科学委員会と総会の状態を比べれば真にうなずける。そして、感情は信仰で左右できる。子連れ鯨の捕獲は資源管理上は最低の結果――その子どもの損失と将来の繁殖の可能性をゼロにしてしまう

——であるが、感情的には捕れるものは捕りたい。そこに、「子連れ鯨」と「大遭難」を関連させる信仰を生じさせる要因が働く。資源のためではなく、大遭難を回避するために、子連れ鯨の捕獲をあきらめるのだ。

(1)浄土真宗で阿弥陀如来を親しみを込めて親様《おやさま》と呼ぶ。ただし、太地に存在するふたつのお寺はともに臨済宗である。

異文化コミュニケーションの難しさ

このように日本の捕鯨者は、捕った鯨に感謝し祈り、時には墓も立ててきた。彼らの感覚なりに自分たちの行為の仁義は通してきた。そのうえで、だれもが鯨を捕るべきだ、などとはいわない。〃必要な人たち〃が、使える範囲で捕りましょう、という姿勢だ。一方、いわゆる保護派の人たちは、〃だれも〃鯨を捕ってはいけないという。

この見解の相違を擦り合わせることは困難だ。捕鯨者にとって、捕獲数を数年間減らして（あるいは止めて）[(2)]、資源回復を待ちましょう、という話は理解できる。将来の資源回復は自分たちのためになるからだ。ところがこの十数年、約束を反故《ほご》にされ、鯨資源量を経済的に考えることは拒否され、感情論から捕鯨という行為が評価されてきた。要するに、「鯨を捕っているということ、そのことが私の気分を害するのだ」という論理になる。

世界のどこかに、「ダイズ（大豆）」をこよなく愛する人たちがいるとしよう。その人たちが、日本では、何とダイズに細菌を絡ませてネチョネチョにした挙げ句、それを食べるそうだと聞きつける。「そんなことはとても許せない、ダイズ保護活動をするべきだ！」というのと同じレベルの感情主義が、鯨に関しては国際的な委員会でまかり通っている。

どうして、自分たちの考えを最高のものとして他者に押しつけるのか。私も、こういう一部（大部分か）の英米人的思考を理解しようと努力してみた。『クジラの心』（原題：MIND IN THE WATERS）に、彼らの論理をとてもわかりやすく書いてあった。「私たちの意識のうちにおいて鯨は分裂している」という。分裂した一方は、「経済的な要請を満たすために切り刻む物体」とみなす連中で、もう一方は「海の神秘の守護者」とみなす連中だ。1974年に出版されており、この頃、鯨を守る機運が急激に高まり、この本も日本の捕鯨を厳しく糾弾している。出版から30年以上を経ているが、おそらく「意識」は大きく変わっていないだろう。

ポイントは、「分裂」だ。彼らの思考は、経済商品として扱うか、神秘の守護者として扱うか、の二者択一。どちらかしかないようだ。われわれはどうだろうか？　生きものを畏れ敬い、時に恐怖し、でも生きるために捕って食べてきたのではないだろうか。決して分裂しない。意識の中にこれらは同居できるのだ。これはおそらく英米的思考では、理解できないのだ。「捕って食べるような連中が、鯨を敬っている？　そんなわけないだろう」と。

(2)現在の捕鯨モラトリアムの状態である。当初計画では、1986年以降捕鯨を「一時停止」し、90年までに資源量調査を行い、利用可能頭数を明らかにする計画であった。90年にIWCの科学委員会は、南極海クロミンククジラの資源量を76万頭と推定した報告を出したが、総会で利用可能頭数を決定することはなかった。ただし、近年の南極海クロミンククジラの資源量については議論があり、おそらく20万〜40万頭程度とする意見が強い。

英米人の考え方

われわれは食べものに感謝する。しかしそれ以上に英米人は毎食前には、感謝を表しているように見える。彼らは祈りの言葉と十字を切る。「父（主）よ、あなたの慈しみに感謝してこの食事を頂きます」。ここで気が付いた。彼らが感謝するのは口にする食べものではなく、父（主）なのだ。この感謝の対象、感謝の仕方が、われわれとは異なる。

これが根本の違いなのだろう。食べものそのものに感謝しない精神は、鯨を食べものでもあり、同時に崇《あが》め祀《まつ》る対象でもあることを理解できないのだろう。日本人一般の精神世界とは相いれない状況はここに生まれる。しかし、認め合う努力はしなければならない。

この感謝の仕方の違いは、動物の扱い方にも影響する。

その動物に対する人の観念で、いくつかのカテゴリーにわける。牛、豚は「家畜カテゴリー」で、食べものとしてあたりまえの生きもの。シカ、ウサギなどはフランスのジビエに見られるように狩られる「野生動物カテゴリー」となる。極論すると、豚は家畜で食べられるために存在する、だから食べるにあたって感謝することはない。

鯨はどのようなカテゴリーになるのか？ Scarff は１９８０年の自身の論文の中で、「鯨は他の動物よりも大きな権利を持っている」としており同論文中で「ウサギ、豚、鶏を殺すのは構わないと思うけど、鯨を殺したくはないんだ。簡単にいえばこれは感情的なものだけど、鯨を救うために決定的な理由のひとつは感情だと思うんだ」という意見を一般的なものとして肯定的に紹介している。

これから30年が経ち、鯨に対する姿勢には変化があった。ただし科学と感情をないまぜにし、どちらに論拠しているのかさえ定かでなくなっている。

世界で最も権威のある学術雑誌『サイエンス』の発行元でもある、アメリカ科学振興協会の2010年年次大会（annual meeting）が、2月にサンディエゴで開催された。ここでイルカの知性について議論された様子が『サイエンス』誌に「イルカってヒトなの？（Is a Dolphin a Person?）」と題して紹介されている。知性があるとする趣旨の議論が行われているが、なぜか認知心理学者のDianaが追い込み漁の捕殺シーンと思われるビデオを聴衆に見せている。

これは危険だ。科学ではない。ある動物が賢いことと、それを人が食べることはまったく別問題である。この議論ではほかにも「イルカはヒトに次いで地球上で2番目に賢い生きものです」「（イルカは）実際のところ人類なのだろう、少なくとも〝非ヒト人間〟といえる」といったコメントが飛び交ったようだ。2番目に賢いから食べてはいけないのか？　3番目ならいいのか？

文化を破壊することは、何人も意図的にしていいことではない。他の動物の生存よりも絶対的に人が優先されなければならない。鯨が賢いからという理由で守らねばならない理由が成り立つのなら、何物にも増して守らなければならないのは人である。

英米人は、感情が科学に優先することをあからさまに表してきた。ここにきて、科学が鯨類の脳機能の高さを証明するようになると、今度は科学を支持する。ただし、脳機能が高いことをもって、保護しなければならないこと、あるいは食べてはいけないことは説明できない。また、感情優先の考え方に基づくならば、一部の人々が、「どうしても食べたい」という欲求をしたならば、それはどう処理されるのだろうか?

前出の『くじらの文化人類学』では、日本の捕鯨文化の深さと特殊性に鑑みて「人類全体の文化を豊かにしてくれるのは、このような特別に豊かに発達した文化がもつ伝統的な知識である。次の世代の人々が人類の共通の遺産であるこのような文化の多様性に触れる機会を閉ざしてしまうことを望む者は、誰もいない」はずだとしている。感性レベルの異文化コミュニケーションの難しさを捕鯨に関係する諸問題に強く感じる。だが、『くじらの文化人類学』を取りまとめているのがカナダの研究所だということを考えると、通じ合うことは可能なのだという希望を見出すことができよう。

感謝して、頂く

先日、十数年ぶりに、毎年4月末に太地で行われる鯨供養祭(口絵9)に参加してきた。

これは、太地捕鯨ＯＢ会が主催しているもので、新聞報道によれば約100人が参加とのこと。主催者の太地捕鯨ＯＢ会は、大型捕鯨業の経験者の集まりのため、新規入会者はなく高齢化が進んでいる。それでも、祭壇前の椅子席には座らない参加者も多くいたので、ギャラリーを含め、実際は150名ほどもいたような印象だ。いさな組合は代替わりが進み、若手も増えた。揃いの帽子と上着のいでたちは存在感を増す。「ここには鯨がいるから捕る」という漁師のあくなき姿勢は、裏返せば「いなければ捕れないし、いなくなっては困る」のだ。この生活直結の鯨への思いが供養祭にもつながる。ここでは、政治絡みの捕鯨論争など、ちっぽけなものに見える。

イルカ追い込み漁に対するコメントがいろいろな立場からＷｅｂ上に出ている。印象に残ったのは、「生まれ変わって、家畜になりたいですか？　野生動物になりたいですか？」というのがあった。

私の答えは決まっている。たとえ狩られる可能性があっても、その人生をまっとうしたい。食べられるために、生きていくのはご免だ。それでも、自分の命を紡ぐために他の命を逆に頂かなくてはならない。これは逃れることのできない生きものとしての定めであり、命の循環のひとつである。機械化や清潔感で隠すことはできないのだ。野生動物を狩ることは野蛮で、家畜をシステマティックに食肉処理することが〝現代的〟だなんて、だれにも決めることはできない。ただ、そのために感謝して、頂くしかないのだ。

この心がけは、鯨に限ったことではない。どんな食べものが、どのような過程を経て食卓に並んでいるのかを知ることが、感謝につながる。興味を持っていただけたら、『いのちの食べかた』（ニコラウス・ゲイハルター監督　２００５年）という映画で、牛豚鶏そして野菜が、どのように「生産」されるのか感じてほしい。

【コラム：イルカの行動観察学6】 シャチ恐怖伝説

イルカに対して被食恐怖を与える動物は何か？　それは海洋における最強の捕食者・シャチである。シャチの来遊はほかの鯨類を恐怖に陥れる。この恐怖がないことが、飼育施設はイルカにとって安心な場であるひとつの理由と考えることができる。野生と飼育のそれぞれの環境のイルカを見てきた経験で、私はそう思う。

シャチがどれだけ他の鯨類を恐怖させるのか、実例をいくつか挙げると、シャチの目撃情報があると捕鯨関係の漁師はしばしの不漁を覚悟する。シャチが現れると、他の鯨類は早々にどこかへ逃げ出して、まったく姿を見せなくなるという。また、ある水族館で聞いた話だが、シャチと同じプールにイルカを入れたそうだ。水族館では、エサが十分にあるから、シャチがイルカを襲うことはまずないのだが、そのイルカは、傍にシャチがいるという恐怖だけで、狂い死にしてしまったという。

あるいは、私が名古屋港水族館でベルーガ（シロイルカともいう）の行動観察をしていた時のことだ。まったく別のプールにシャチが飼育されていて、それも1年以上経っているのだが、シャチが大きな鳴き声を出すと、ベルーガは周囲を見回して警戒する。やはり、よほど恐怖感が染み付いているのだろう。

このシャチの恐怖をバハマの外洋で実験的に行った報告がある。沿岸小型捕鯨の捕獲対象であるツチクジラに近縁のアカボウクジラに対して、シャチ似音（シャチの鳴音と周波数帯が同じで波形は異なる音声。たとえば救急車のサイレンとイヌの鳴き声のような関係）を合成し聞かせてみた。するとアカボウクジラは、索餌に使う鳴音を潜め、シャチ似音の音源域から遠ざかり、ふだんよりもゆっくりとした速度で、長く時間をかけて浮上したという。この実験は、シャチ鳴音のプレイバックではない。シャチ鳴音とは周波数帯が近いだけの音に対して過剰ともいえる反応を示したことは、まさにイルカの間に「シャチ恐怖伝説」が存在するといってよいだろう。

鯨類約80種類の中で、もっとも獰猛《どうもう》な種はシャチである。サイズを問わずエサとしてしまう。それゆえ、他の鯨類——とくにネズミイルカなど小型の鯨類——は、シャチには聞こえない周波数の音声を使うなど、シャチ対策として進化したと思われるような機能を持つ。それほどに、シャチは鯨類界におけるハンターとして認知されている。

イルカの休息（睡眠）行動（コラム5を参照）においても、容易にリラックスできない要因のひとつにシャチ対策で警戒を怠らないことが挙げられる。もし、これが真であれば、この対応は過剰にも感じる。おそらく、シャチによる実際の捕食率は、それほど高くはないのだろう。

しかし、イルカには、それを伝説として伝え語るような文化があるのかもしれない。社会性の高い群生活をし、30〜40年の寿命を保つことは、世代を超え、個体を超えた、群れとしての〃反応〃を行えることを意味する。

ある若齢個体が初めてシャチの襲撃を受ける。その群れが30年以内にシャチ襲撃の経験があれば、初体験の個体を含め「正しい回避」方法が採られるであろう。その次の襲撃が、さらに30年後だとしても、群れは正しい回避が行えるはずだ。実際に各個体に経験がなくても、群れとして経験を保持できれば対応できるのだ。これは、人間の津波への対応と照らし合わせて考えることもできよう。津波を知る長老の存在や伝説の継承が大津波の被害を低減させている。

イルカがどれだけの認知能力を持つのかはまだまだ明らかでないことが多いと思われるが、このように認知の程度にかかわらず、恐怖を伝えていくことはできるのかもしれない。

おわりに

追い込み漁、これを目の当たりするには、鄙《ひな》びた入り江でいつ帰ってくるかわからない追い込み漁船を待つしかない。それで見えるものは漁全体のごく一部にすぎない。謎多き、いさな組合。二十数名の小さな集団ではあるが、その背負う文化・歴史はとてつもなく大きい。そのことを、私は伝えなければならなかった。追い込み漁が叩かれるなら、私は義として立たなくてはならない。私にしか書くことができないことがここにはたくさんある。それを書くことがこの15年分の礼だ。イルカ追い込み漁を知ってもらいたい思いで書き始めた。柱は、漁法、漁師、そして歴史文化である。

漁は、その作業のほとんどが沖でなされる。畠尻湾へと追い込まれ、そこで捕殺されるのは結果だ。食肉として捕殺しないわけにはいかない。これが悪意を引き寄せてしまった。一番撮影しやすい場所で、一番残虐な作業が行われていたのだ。どんな生きものであれ絶命させる場は見て辛い。それをことさらにクローズアップすることは記録作業ではない。

第82回アカデミー賞長編ドキュメンタリー賞受賞作品の映画『THE COVE（ザ・コーヴ）』は、太地いさな組合幹部や太地町漁協宛に英語版のみならず、フランス語版までも送りつけられてきたそうだ。さすがに相手もプロ。ウソはいっていないようだが、ただ、あちこちのイルカ漁を貼り合わせて、すべて「太地」のことのような印象となるように巧みに仕向けられている。漁師たちは（映画本編を見ていない人も含めて）、この映画に対して「バカにされた」「金儲けに使われただけだ」というように、アプローチを非難している。たとえば、「立ち入り禁止」区域に平気で入ってくる行為は、アメリカなら射殺されても仕方ない状況だが、「日本をナメている」から悠々と侵入してくるのだ、と。多くの漁師は、鯨への愛に自信を持っている。たとえ、それが食べものとしての対象でも、愛を持つことは可能なのだ。少なくとも〝保護〟活動のネタのひとつとしてしかイルカを考えていないような一部の保護団体幹部よりも純粋で深い愛だ。

『THE COVE』は、ドキュメンタリーに分類されるようだが、ドキュメンタリーとは記録である。記録は事実に忠実かつ正確でなければならないが、この映画は、製作者の意図に沿って忠実につくられている。その意味で、宣伝（プロパガンダ）映画といっても過言ではない。製作側の意図するところであろう「イルカ漁への反対」活動を盛り上げるための煽動であり、太地いさな組合によるイルカ追い込み漁の記録映画としての「THE COVE（イルカが追い込まれる小さな畠尻湾のさらに小さなひとつの入り江）」では断じてない。

加えていうと、映像の中のショッキングなシーンは、現実よりもリアル感がある。つまり、デジタル技術による映像処理は臨場感に欠かせないものだろう。たとえば、捕殺作業によって海面が赤く染まるシーンがある。この映像自体が10年近く前に撮影されたもののようだが、さらに「赤さ」を後処理しているのではないかと疑いたくなる。捕殺作業で流血するのは当然なのだが、現場は何頭ものイルカと人が泳ぎまわり、海底の砂を巻き上げ混濁した海水となる。そこへ血が流れ込んでも濁ったような赤さになるのであり、私が経験した限りでは映画で描かれた「鮮血」のような赤さにはならないのだ。

しかし、このような仔細な疑問点を指摘しても、栄誉ある賞を受けた映画に太刀打ちはできない。〝あれが事実だ〟と見た人の記憶には残ってしまう。しかし、少なくとも日本人にはイルカ追い込み漁の姿を正しく理解してほしい。そこで、漁の一連（出航～探鯨～追い込み～捕殺～解剖）を実経験に基づいて紹介した。

＊

漁師の数は、日本全国で約20万人、トヨタのグループ全体の社員数よりも数万人少ない。読者の皆さんは、近しい知り合いに漁師がいない人も多いであろう。知らなければ知らないほど、近づきにくくなる。おまけに漁師には「荒くれ」なイメージもある。『THE COVE』で「ジャパニーズマフィア」と字幕を付けられた漁協職員も、実は気のいい兄さんであるのだが。

映像での一面だけでなく、1人の男として漁師を知ってもらいたいと思ったのが本書を書き始めた動機でもある。たとえば映画では、水中班を担当している、特殊部隊のような格好でちらっと映るイサムさん。それだけの情報なら、〝かわいい〟イルカの敵でしかない。だが、本当にそうか。

イサムさんの漁師人生のスタートは早かった。中学卒業もままならないうちに、亡くなれたお父さんの代わりに近海マグロ船に乗りこんだ。ところが、今のイサムさんからは想像もできないが、「酔うて、酔うて、血ィまで吐いてなぁ」という酷い船酔いで、とても仕事をできる状態ではなかったそうだ。船を下りるように、暗に言われたが、家族を養わなければならない重荷が15歳の肩にかかっている。「なんとかもう一度」と、頼み込んで2回目の乗り組みをさせてもらう。イサムさん自身も「もう後がない」という不安と緊張の綯《な》い交ぜだったと思うが、「不思議なほど酔わなかった」。船酔いさえなければ、もともと他人の倍は働くイサムさん。若きそして腕利きのマグロ漁師の誕生だ。このマグロ船は太地を母港とするが、漁場は三陸沖で、水揚げは気仙沼《けせんぬま》など最寄りの港で行う。太地へ戻るのは40～50日に1度。戻っても、滞在は3～4日ほどのとんぼ返りで再び出航を繰り返し、家族と過ごす時間も持てなかった。マグロ船は今でもきつい労働の代名詞のように使われている。当時はさぞ大変な仕事だったのだろうと想像されるが、イサムさんは「あの頃はあれでしょうがない。どんな仕事もきつかった」のだという。長男に続き長女も誕生したが、ほとんど家にいることのないイサムさんの家庭では、当然ながら、育児はもっぱら奥さんの仕事となる。しかし、奥さんは町で数少ない看護師でもあり、勤務しながらの子育てである。ある時、夜中に急患が出て、出勤しなければならない。当然、イサムさんはいない。当時5歳だった長男に言いつけて出勤するが、子ども2人で夜の家にいるのは寂しかったのだろう。夜泣きした長女を連れて、夜道を勤務先の病院まで来たことがあった。

この話を聞き、イサムさんは、「この仕事では家族があかんようになる」と思い、何日も家を空けざるをえないマグロ漁師をやめることにした。仕事のきつさではない、家族への愛だ。今から40年も前に、満足に学校で学べもしなかった田舎漁師がこういう考え方をできることを、私は心底尊敬する。

本書では、あえて数名の漁師や関係者を、来歴を含めて紹介させて頂いた。大学を出て漁師になってもいいんだ、銀行員から漁師に転職ができるんだ、と1人でも人生を勇気付けられたらうれしく思う。

＊

本書に着手した当初は、イルカ追い込み漁そのものの歴史文化に軽く触れようと思っていた。しかし、それはむしろ難しかった。裏を返せば、それだけ連綿とそして根強く鯨文化が存在してきたことを意味する。これまで、イルカ追い込み漁の漁師でさえも、「捕鯨」をしているつもりはなかったように感じる。捕鯨といえば、捕鯨砲を使ってナガスクジラなどの大型鯨を捕ることだと考えている人は多くいる。町も捕鯨文化を継承するために捕鯨は再開しなくてはならないという姿勢だ。

しかし、古式捕鯨が急拡大したその技術は網捕り式にある。その網捕り式とは、網にクジラを追い込むことこそが技の要だ。であれば、灯台もと暗し、今も残るイルカ追い込み漁こそが古式捕鯨（網捕り式捕鯨）の技術を最も伝えるものとなる。このことは、追い込み漁師にも、また太地の人たちにも、そして世の捕鯨論者にも伝えたい。古式捕鯨は形を変え生きていると。

本文中でも説明したように、捕鯨文化は決して日本に特有のものではないが、日本の文化のひとつとして残すべきものだ。鯨肉が生活に必要なものであれば、南極海まで出向いて捕獲するのもよいだろうが、将来的にはこれはやめるべきだ。決して文化を担う事業ではない。捕鯨は沿岸のものに限り、資源量等をきちんと見極めながら持続的に行うことを望む。

私は、捕鯨文化が続くことは願っている。ただし、文化を守るというのは感心しない。守らねば続かないような文化は、無理があるということだ。それでも、守るべき文化があるとする考え方は否定しない。

捕鯨文化は特殊である。文化といえば担当官庁は文化庁であってもいいはずだ。ところが、捕鯨文化関連で名前が出てくるのは、もっぱら水産庁である。私の思い込みかな、とＷｅｂで検索してみる。文化庁のトップページ（http://www.bunka.go.jp/）からサイト内検索を行う。「捕鯨」と入れてクリック。検索結果はたった7件である（２０１０年6月22日確認）。ショックを受けて、「アニメ」で検索してみる。なんと検索結果545件。「コスプレ」で検索結果13件。もっとショックを受ける。どうなってるんだ、日本の文化、というか文化庁。アニメはともかく、コスプレにさえも捕鯨は及ばない扱いなのだ。最近知った情報の中で、ザンネン度ランキング1位だ。

＊

さて、太地を訪れるようになって、15年目。大きな変化もいくつかあった。食品スーパーのオークワが撤退し、残った唯一の大型店の漁協スーパーが新装開店し、町内にコンビニサークルKができた。調査員時代は、夕食時にはオークワへ行き値下げ商品を買い、朝は漁協スーパーの廃棄パンをもらうという、貧乏学生生活を楽しんでいたことを思い出す。貧乏で、でも温泉には入りたくて国民宿舎の温泉を町民価格150円で活用した。銭湯よりも安い値段に初めはビクビクしていたが、受付の姉さんも事情を知っての対応だったように思う。これも200円に値上がりした。

道路も良くなった。太地町内には国道42号が通っているが、太地の集落へは県道で分岐していく。この交差点も改良され、以前は、県道入り口に鯨のゲートがわかりやすくそびえていたのだが、工事にともない、少し奥へ移転されたのは少々さびしい。県道も数ヶ所で拡張工事が進んだ、最も大掛かりだったのはトンネルで、もともとは車どうしのすれ違いが困難な、狭い、手掘りのようなトンネルだったが、歩道付きの立派なトンネルに生まれ変わった。解剖場（鯨体処理場）を兼ねる魚市場も新築され、魚商小屋はなくなった。かなり開放的だった当時と比較し、長靴の消毒、帽子着用など衛生管理の行き届いたステキな建物になったが、一般町民でさえ、自由に見学のできないのは少し違和感を覚える。

閉店の報を聞いた時にノスタルジックにならざるを得なかったのは、「ミリカ」だ。小泉政権時代に郵政民営化が問題になっていた頃、これに関連して「グリーンピア」という年金保養施設の廃止も話題になっていた。太地と那智勝浦の境界にグリーンピア南紀があった。ご多聞にもれず、人影が濃いとはいい難い施設だったが、入り口付近にあった「ミリカ」だけは別世界だった。この喫茶施設は、グリーンピアが営業しているようだったが、入り口ゲート外にあり、通行量の多い国道からも入りやすく日々、繁盛していた。

おいちゃんたちが「お茶飲みに行こうら」と誘いにくると9割方、ここへやってくる。お誘いは重なるもので、日に2回も3回も行くことがあったし、モーニングを食べて、そのまま居座って、ランチも食べて出てきたことも懐かしい記憶だ。ボローニャというパンを知ったのもこの店だった。居候させてもらっていたカズさんにもよく連れてこられたが、それ以外にも町の水道管理人ミチオさん、ナマコ漁にもイカ釣りにも連れていってくれたヨシキさんにもとても世話になった。彼らには昼の食事も夜のお店も教えてもらった。

もう少しまじめにお世話になってきたのは、小型捕鯨船・第七勝丸船長のツカさんだ。勝丸を主題に扱ったあるフィクション作品にあるように、真面目さと気難しさが切磋琢磨しているような人だが、その能力を私は尊敬してやまない。根っからの〝鯨捕り〟の精神と新しいものへの好奇心や探究心は、捕鯨業の流れが変わった時の業界の牽引者となるに違いないと（勝手に）期待している。何か漁について問えば、最も理論的に答えてくれるし、時間的に余裕があれば、捕獲対象ではないマッコウクジラに接近してくれるようなこともあった。

昔話ばかりになったが、本書で追い込み漁を詳しく執筆するにあたり、あらためて親しくさせて頂いた方もおられる。今まで、いさな組合の立ち上がりの話などは断片的にしか聞いていなかったので、組合設立時からの主要メンバーだったフクさんに、時間をもらって何度か話を伺った。

私が追い込み漁に乗るために通っていた頃は、フクさんの船である大雄丸の隣に係留していた昌高丸に乗せてもらっていた。当然、フクさんを知らないわけではなかったが、朝の待ち合わせ場所での様子は笑顔も言葉も少なかった印象で、つまりとっつきにくかったのである。今回、ゆっくりとお話をする時間があり、昔話を、時に手描きの図をまじえながらとても丁寧にお話し頂き、感謝に堪えない。話せば話すほど、思慮深い性質が感じられたが、「金はなくても思い切れ」とおっしゃったのには少し驚いた。「考え抜いた挙げ句の思い切り」がフクさんの人生哲学なのだろう。あまり馴染みのなかったフクさんに、思い切って昔話をお願いしたことはとても良かった。定年のない漁師生活をいつまでも楽しんでほしいと思う。

ある意味、もっとも世話になってきたのが漁協幹部のミヤさんかもしれない。本書の原稿を書き始めるにあたって、いさな組合の組合長に話を通してもらえなければ、書くこともできなかったし、いさな組合の立ち上げなどについて、フクさんの記憶ではあいまいな箇所も、ミヤさんの記録メモで補わせて頂いた。そもそも、追い込み漁船に乗り込めるように調整もして頂いたし、解剖作業に加わるのも認めて頂いた。とにかく、要所で多くの方々にバックアップしてもらえたことはとてもラッキーだった。

最後に、調査員としてともに働くことのできた、下川哲哉さん、喜多祥一さん、青木美香さん、斎野重夫さん、宮本康司さんに感謝します。そして、大学院先輩の松林尚志さん（マレーシア・サバ大学准教授）が「調査員」を紹介してくれなければ、この本は生まれませんでした、多謝。ご多忙の中、貴重なご意見を下さった杉森宮人さん、〆谷和豊さん、また快く写真を提供してくださった、高縄奈々さん（野生イルカ写真のプロ！）、土山邦夫さん、澤修作さん、太地町立くじらの博物館、太地町漁業協同組合に深くお礼申しあげます。また、長い学生時代を支援してくれた両親と妻の瑞絵、そしてすばらしい編集の技を見せてくれた黒田剛史さんに感謝いたします。

＊

太地は、おそらく一般の漁村や港町とは異なるのだと思う。太地以外の港を肌で感じるほど詳しくは知らないので、直接的な比較はできないのだが、何と表現すればよいのだろうか、〝ふつうでない〟のだ。

まず、海外に対する垣根がとても低い。これは明治期の古式捕鯨終焉後、海外に活路を求めた人も多くいたこと、南極海捕鯨、遠洋鮪《まぐろ》船などへの従事者が多かったことが要因だ。国内も同様に、九州、日本海、北海道、三陸とあちこちの場所を知っている人が多くいる。本当の話かどうかはわからないが、だれかが南極から船でペンギンを連れてきて飼っていたので、街中をヒョコヒョコ歩いていたこともあると聞いた。

こういった、見聞の広さが、この町の人の情報選択の能力を自然と高め、それが賢さとして、しばしば垣間見られる。話をしていて、「へぇ〜！　なるほど！」と思わせられたことは多々ある。自分の技で糧を得ている漁師の仕事はすばらしいと思っているし、多くの人が尊敬できる対象だ。それでも「もし違う人生を歩んでいたら」と他人事ながら想像することがある。おそらく「それなりの会社で部長クラスになってるだろうな」と思ってみる。いや、そんな無粋なことはいうまい。こんな人たちに囲まれていたおかげで、肩書なんかに惑わされない人間同士の付き合いのおもしろさを知った。太地のおかげで、私は社会性と適応性を身をもって学べたと思っている。そんなところにも感謝しなければならないだろう。

長年にわたり貴重な経験を積ませて頂いた、太地いさな組合諸兄の末長い繁栄を祈念しつつ。

関口雄祐

２０１０年６月

関口雄祐（せきぐちゆうすけ）

1973年千葉県生まれ。千葉商科大学専任講師。1996～2000年、沿岸小型捕鯨担当の水産庁調査員（非常勤）として定期的に太地に滞在。それ以来2003年まで、追い込み漁の経験と行動観察を兼ねて漁船に便乗。その後も、年に1～2度、太地を訪問し交流を続けている。本業は睡眠研究。東京工業大学生命理工学部卒、同大学院博士課程修了、博士（理学）。東京医科歯科大学生体材料工学研究所特別研究員（JSPS特別研究員PD）などを経て2008年より現職。

イルカを食《た》べちゃダメですか？ 科学者《かがくしゃ》の追《お》い込《こ》み漁《りょう》体験《たいけん》記《き》

2010年7月20日初版1刷発行

著　者 ― 関口雄祐
発行者 ― 古谷俊勝
装　幀 ― アラン・チャン
印刷所 ― 萩原印刷
製本所 ― 関川製本
発行所 ― 株式会社 光文社
東京都文京区音羽1-16-6（〒112-8011）
http://www.kobunsha.com/
電　話 ― 編集部03(5395)8289　書籍販売部03(5395)8113
業務部03(5395)8125
メール ― sinsyo@kobunsha.com

 ISBN 978-4-334-03576-1

【付録】太地訪問ガイド

◇捕鯨カレンダー◇

この町を訪れる人は、なにかしら「鯨」を期待してやってくることだろう。鯨尽くしの料理もいい。くじらの博物館でショーを見て、捕鯨を知ってもらうのももちろんいい。が、“今も”捕鯨の町であることを頭の片隅には入れておいてほしい。以前は、自由に見学ができた解剖作業や鯨肉の競りも、保護団体等の侵入による混乱防止のため、立ち入り禁止になってしまった。しかし、沖から帰ってくる船を見ることは妨げられない。

港周辺には海岸沿いの遊歩道もあり、高台には見晴らしが良く展望スポットとなっている場所もある。このような場所で沖を眺めていると、運が良ければ、追い込み作業中のいさな組合の船団が一進一退を繰り返しながら太地へ近づいてくる様子をじっくり見られるかもしれない。あるいは、小型捕鯨船がマゴンドウを艫《とも》に積んで帰ってくるのを見られるかもしれない。

これらは、それぞれ決まった漁期以外は見ることはできないが、漁期でも捕獲が続くこともあれば、10日ほども不漁が続くこともある。

1月：追い込み漁、突きん棒漁(1)、定置網への混獲(2)
2月：追い込み漁、突きん棒漁、定置網への混獲
3月：稀に追い込み漁、突きん棒漁
4月：稀に追い込み漁、突きん棒漁
5月：小型捕鯨、突きん棒漁
6月：小型捕鯨、突きん棒漁
7月：小型捕鯨、突きん棒漁
8月：小型捕鯨、突きん棒漁
9月：追い込み漁、小型捕鯨
10月：追い込み漁
11月：追い込み漁
12月：追い込み漁

(1)イルカ追い込み漁と同じく、県知事認可による「いるか漁業」のひとつである。漁船の舳先から先にさらに前へ突き出した乗り場を取り付け、そこから、船と並走するイルカを手銛で突き捕る漁法。イルカ類はバウライドといって、船首波に乗って遊ぶことがあるが、この状態が最も突き捕りしやすくなる。

⑵太地沖では、冬場に鰤敷《ぶりしき》と呼ばれる定置網が港の入り口から約1キロほどの沖に設置してある。その名の通り、鰤を目的とする定置網だが、網そのものが魚が回遊するルートを狙って設置されており、エサとなる魚を追ってやってくるヒゲクジラ類が混獲される（漁師が意図するでもなく、網に掛かってしまう）ことがある。多いのは、ミンククジラ、ザトウクジラである。

◇アクセス◇

関東方面からの交通に限って考えてみる。鉄路、道路、空路がある、東京有明埠頭から隣町の那智勝浦までの海路もあったが、廃止されてしまった。「さんふらわあ」という大型フェリーで揺れも少なく、大浴場もあって船旅を実感できたのだが、なにぶん空いていたので、廃止もやむを得なかったのだろう。この海路に限らないが、船旅は探鯨もできる（伊豆諸島への客船では、イルカ類のほか、マッコウクジラ、ツチクジラを見ることもある）。

鉄路：東京発の朝6時過ぎの新幹線に乗れば、名古屋で特急南紀に乗り換えて紀伊勝浦（那智勝浦町）まで正午前に着く、そこからはタクシーが便利。名古屋からが遠いので、「読みたかった本」などを持参するべし。車両はワイドビューで眺めが良いので、先頭車両では景色も堪能できる。帰りは、「めはり寿司」か「さんま寿司」を買って乗ると良い。

道路（バス）：大宮、池袋、横浜から勝浦温泉までの夜行高速バスがある。朝8時頃に着くので、到着日も1日堪能できる。バスは、最後尾を除いて3列シートなので、隣人との距離もあり、安心して眠れるが、安眠には、耳栓、アイマスク、携帯枕があったほうがいい。

道路（自家用車）：最寄りのインターチェンジから2時間以上かかるので、高速料金上限制による集客効果はあまりないそうだが、東京から東名〜伊勢湾岸〜東名阪〜伊勢道〜紀勢道の約460キロが1000円（2010年5月現在）となるのは、とても助かる。

しかし、あえて、東名を浜松西

図38　国道42号から太地港方面への分岐点近くに立つ鯨像。竹下内閣時のふるさと創生1億円を活用してつくられた

で降りて、国道42号～伊勢湾フェリー～鳥羽～伊勢道を選んでみたい。メリットは、フェリーを使うことによる気分転換と十分な休憩だ。１時間ほどの船旅は内海なので揺れも少なく、食事の時間にあてることもできる。フェリー代はもちろんかかるが、ガソリン代は節約できる。
空路：羽田から約１時間で南紀白浜空港に着く。空港からは、レンタカーが便利。太地までは２時間近くかかるが、最も早いルート。白浜周辺にも観光スポットは多くあるので、こちらも楽しみたい人にはお勧め。

◇海水浴◇

くじら浜と呼ばれる太地町立くじらの博物館一帯から、町役場へかけての海岸沿いは、「ふるさと歩道」として整備されており、観光客の散策などに利用されている。追い込み場所として使われる畠尻湾は、このふるさと歩道をゆくと国民宿舎「白鯨」からくじらの博物館へと向かう途中にあり、入り江を眺めながらしばし休息する人もちらほら見られる。

入り組んだ湾の奥であり、波音も静かな場所だが、年に１ヶ月ほど子どもたちの歓声に包まれる。そう、毎年夏、ここは町営海水浴場となる。天然の湾なので魚影も濃く、水中メガネでのぞけば、すぐに何種類もの魚が横切っていく。湾の両側の岩場には、貝類やカニもゴロゴロしている。

しかし、売りはこんなものではない。ここは太地、鯨の町。海水浴場も侮れない。ここ数年、海水浴場の開場期間は湾の中ほどに生け簀を組み、そのなかにイルカを放してあるのだ。もちろん、きちんと管理されており、くじらの博物館スタッフが監視と給餌を担当している。

図39　秋から春にかけて追い込み漁に使われる畠尻湾だが、夏には町内唯一の海水浴場となる。中央の生け簀には、イルカやゴンドウが飼育され自由に見に行ける

浜から生け簀までは40メートルほど泳がなければならないので、子どもの泳力も向上する。浜で寝転びながら、時折ジャンプするイルカを眺めるのは格別だ。イルカ付き海水浴場。各種

設備完備（トイレ、シャワー、駐車場）、すべて無料。おまけに空いている。すごく太っ腹だ。

◇祭り◇

太地の港の正面には飛鳥《あすか》神社がある。宮さまと呼ばれ親しまれている旧村社で、現在も神職がおられる。

境内に書かれている縁起には、寛永元年（1624年）の勧進となっているが、文献等の記録によるとそれ以前から何らかの形で存在していたようである。社《やしろ》は、小振りだが元禄三年（1690年）の造営以来の姿をとどめており、当時の「総うるし塗、屋根裏朱塗、枡形彩色」の壮麗さが伝えられている。

この宮さまの例大祭（10月第１週の週末）とその前日の宵宮祭《よいみやまつり》が“太地の祭り”になる（口絵９）。宵宮で行われる、樽神輿《たるみこし》の渡御《とぎょ》がひとつのクライマックス。樽神輿は、世間一般の“神殿風”の神輿と異なり、本当に樽を担ぎ棒に括って、神輿とする。これの担ぎ手は顔まで白く塗った白装束に赤褌《あかふんどし》である。とくに顔は、だれがだれだかわからないくらい濃く塗る。この理由は明らかではないが、清浄なる神輿の担ぎ手として同質性を保つとともに、実際は身元を隠すためということもあったと思われる。

私も1998年の宵宮に参加させてもらった。自分の地元の祭りには出たことがないくせに、あれよあれよと話が進んで、神輿を担ぐことになった。町民以外でこの樽神輿を担いだ者は記憶にないといわれた。参加を許されたという誇らしさ半分、やはり神事だけに余所者を快く思わない人はいるはずで、担いでいる間にボコボコにされるんじゃないかという不安もあった。実際、コトなく宵宮を堪能させてもらったが、あとからもらった写真にびっくりした。とても自分とは思えない人が写っていた。

一昔前の話では、我田引水型の協調性のない家、商家には、神輿が“清め”と称して突入し、散々暴れまわったという。公権力に対しても怯《ひる》まなかったようで、30年ほど前には、駐在さんが堅物で取り締まりが厳しすぎたため、駐在所に突入してしまったこともあるそうだ。もちろん、祭りでの盛り上がりもあってのことだと思われるが、こういう明るい制裁が小さな山村の協調性を保ってきた面は大きいと思う。

◇グルメ◇

漁業依存の町は、浮き沈みが激しい。不漁が続くとあっという間に生活費が底を突く。そんな時にゴンドウが捕れたりすると、全身くまなく利用するのはもちろんのこと、胃内容物（主にイカ）まで食べたそうだ。軽く消化されたものは、身が柔らかくなって、「けっこう食べられる」そうだ。ただし、太地で「食える」というのは毒ではないレベル、「上等だ」というのはふつうに食べられるというニュアンスで、「うまい」がおいしいことをいうのを忘れてはいけない。

さて、太地の“本当に”「うまい」をいくつか紹介しよう。

郵便局の裏手のほうに、**「てつめん餅」の亀八屋**がある。見落としてしまいそうな、ふつうの民家なのだが、看板は木製の立派なものが掛かっている。とても柔らかい生地で餡子《あんこ》を巻いた大福のような「餅」だ。遠方から買いにくる人、土産に買いこむ人もいるが、生地の柔らかさが長続きしないのが玉にキズ。ぜひ購入直後にその場で食べてみてほしい。

次に紹介したいのは“てつめん”から通りに少し戻った場所にある、**松下洋菓子店の大型シュークリーム**。変哲のない店名、変哲のない店構えだが、地元ではだれもが知る名店だ。名物の大型シュークリームの大きさは、ケタ違い。「どうやって食べるの？」が素直な第一印象だ。どのくらいかというと……冷凍ピザってありますね、スーパーなどで売っていて、自宅のトースターで焼こうとすると端っこがちょっと収まらない……そのくらい大きい。ふつうは、ケーキのように数名で切り分けて食べるようだが、同僚調査員が超甘党だった（私は辛党）。彼はあたりまえのように１人で１個、おいしそうに平らげる。私も自分用に１個買う。３分の１まではとてもおいしい、３分の２までもおいしい。ここまではまだメタボを気にしない20代前半の胃袋は余裕だ。そこからペースダウン。同僚はすでににこやかに完食。それでも、遅れて私も完食。このサイズを食べ切れるのだから、甘みもしつこさも絶妙につくられている。

10時のおやつに“てつめん”、３時のおやつにシュークリームを堪能してほしいが、どちらも午後には売り切れることも多いので、要注意。

さて、甘味をふたつ紹介したが、その間に、軽く昼を済ませたい時には、**食堂「さわみ」のヤキメシ（炒飯）**をお勧めする。ここは、場所も森浦で、太地漁港周辺からはいい腹ごなしの運動になる。

ここのお客は、「ヤキメシ！」「あ、おれも」といった感じで店に入ってくる客も多いが、注文にはタイミングが必要だ。こちらは、夫婦で営んでおり、フライパンを振るのはお父さん。ただし、高齢と言って失礼のないお年だ。注文が殺到すると、フライパンはどんどん重くなる。お父さん、（奥さんに叱られながら）必死にがんばるが、それでも炒めっぷりが追いつかないのは、ご愛嬌。ちゃんと、１～２名分で炒めてくれたヤキメシは、無駄な具、無駄な味のない絶品に仕上がる。

◇温泉三昧◇

南紀（太地周辺）には温泉が多い。隣町の那智勝浦町にある勝浦温泉郷へは車で15分ほどだが、高級旅館は日帰り温泉も気が引けるので、私の選択肢の中には入らない。

「国民宿舎　白鯨」。太地町町営の国民宿舎に日帰り入浴できる。湯は循環式だが、町民価格があるのがミソ。シャンプーはないが、液体石けんはある。調査員での滞在時は、民宿から近いので頻繁に通った。

「もみじや」。太地の飛び地、夏山にある。一軒宿風の趣きのある建物。ぬるめのかけ流しなので、お湯は私好み。浴槽が小さめなので、混むとつらい。

「ゆりの山温泉」。那智勝浦町内だが、太地寄りの湯川地区にある。現在に至るまで300円を維持している。設備は決して豪華ではないが、ぬるめのかけ流しのお湯は長湯好きにはたまらない。蛇口からも温泉しか出ないあたりに風情を感じる。受付脇には、瓶の牛乳があるのもうれしい。お勧め度ナンバーワン。

「喜代門」。湯川地区の国道沿いにある。以前は情緒あふれる老舗旅館だったが、平成15年頃、日帰り温泉施設としてリニューアルした。湯は以前も今も、熱く、濃く（ヌルヌル）、かけ流し。休憩室もあり、入浴後もゆっくりできる。

「那智天然温泉」。那智山へ上がる途中にある、一風変わった施設。男女別の内湯、混浴露天風呂、そしてプールがある。内湯は二重構造になっており、内側は熱く、外側はぬるめになっている、このオーバーフローが露天風呂へつながり、さらにプールにつながっている。下流ほど、温度は下がるのだが、露天風呂は風呂としてはぬるすぎ、プールはプールとしては熱すぎ、と絶妙なアンバランスがたまらない。娯楽施設では年間パスポートの設定が増えてきたが、こ

こには「定期」がある。１ヶ月分をお得な料金で前払いすると、帳面に記載してくれて、次回からは名乗ればＯＫ、となる。地元のおいちゃんたちは顔パスで入っていく。一度だけ、「定期」を購入したことがあるが、名乗りを上げて風呂に入るのはなんだか変な気分だった。

あとの２ヶ所は、特殊用途だが、特徴があるので書き加える。

「柳屋旅館」。湯川地区の国道沿い、喜代門より少し勝浦寄りにあるが緩いカーブの陰にあり見つけにくい。ここのポイントは２畳ほどの浴槽がある家族風呂だ。家族風呂は、個室料金を取る所が多いが、ここは１人500円の人数分しかかからない。子連れで訪れるようになってからは重宝している。湯は、喜代門より少しぬるめで入りやすい。

「らくだの湯」。湯川地区にあるが、船を使ってアクセスする。らくだ岩の眺めが良いので、この名が付く。一時期、休業していたことがあったが、その間も湯の管理はされていたようで、こっそり、漁船で連れて行ってもらった。湯は格別どうということはないが、眺めは噂どおり格別だった。現在は渡船業者が管理運営しているが、渡船料を払っても、行ってみる価値があると思う。

図40　船でアクセスする「らくだの湯」(手前) と奇岩「らくだ岩」

参考文献

太地町史，太地町史監修委員会，1979
熊野太地浦捕鯨乃話，太地五郎作，紀州人社，1937
熊野太地　鯨に挑む町，熊野太地浦捕鯨史編纂委員会，平凡社，1965
太地角右衛門と鯨方，太地亮，2001
深重の海，津本陽，新潮社，1978
黒鯨記，神坂次郎，新人物往来社，1989
アメリカ素描，司馬遼太郎，読売新聞社，1986
くじらの文化人類学，M. R. フリーマンほか，海鳴社，1989
くじら取りの系譜，中園成生，長崎新聞新書，2001；2006 改訂版
日本沿岸捕鯨の興亡，近藤勲，山洋社，2001
女たちの捕鯨物語，高橋順一，日本捕鯨協会，1988
鯨とイルカのフィールドガイド，監修 大隅清治，東京大学出版会，1991
新版　鯨とイルカのフィールドガイド，監修 大隅清治，東京大学出版会，2009
クジラと日本人の物語，小島孝夫編，東京書籍，2009
「イルカ」「いないか？」，鳥羽山照夫，マリン企画，1980
日本捕鯨史話，福本和夫，法政大学出版局，初版 1960，新装版 1993
熊野灘 磯の辺路紀行，みえ熊野学研究会編，東紀州地域活性化事業推進協議会，2005
クジラの心（原題：MIND IN THE WATERS), Joan McIntyre, 平凡社，1974
世界クジラ戦争，小松正之，PHP 研究所，2010
照葉樹林文化とは何か，佐々木高明，中央公論新社，2007
海にいきる太地，太地町漁業協同組合（漁協内部作成資料），2009
海の蛮人騒動記，浜口尚，園田学園女子大学論文集 39 号，2005
鯨の墓，吉原友吉，東京水産大学論集，No. 12，p15-101，1977
混群という社会，足立薫，p204-232．西田正規ほか編，人間性の起源と進化，昭和堂，2003
The Hawaiian Spinner Dolphin, Kenneth S. Norris, University of California Press, 1994.（日本語版：ハシナガイルカの行動と生態，日高敏隆監修，海游社，1998）
Encyclopedia of marine mammals (2nd ed.), editors William F. Perrin, Bernd Wursig, J. G. M. Thewissen. Academic Press,

2009
Human-generated sound and marine mammals, Peter L. Tyack, *Physics Today*, p39-44, November 2009
Resting behavior of captive bottlenose dolphins (Tursiops truncates), Yuske Sekiguchi and Shiro Kohshima, *Physiology & behavior 79*, p643-653, 2003
Ethical Issues in whale and Small Cetacean Management, JE Scarff, *ENVIRONMENTAL ETHICS*, Vol. 3, p241-279, 1980
Is a Dolphin a Person?, *SCIENCE*, vol. 327, p1070-1071, 2010
小型鯨類の漁業と資源調査（総説），p45-1～p45-4，In 平成 20 年度国際漁業資源の現況，水産庁・水産総合研究センター，（水産総合研究センター Web サイト「国際漁業資源の現況」http://kokushi.job.affrc.go.jp/H20/H20_45.pdf）
Driven By Demand, Whale and Dolphin Conservation Society (WDCS), 2006（日本語版：人間の需要に駆り立てられるイルカたち，イルカ・クジラ保護協会 Web サイト http://www.all-creatures.org/ha/dolphin/DrivenByDemand_Jplast.pdf）
小型沿岸捕鯨の現状，倉澤七生，佐久間淳子，2009（イルカ＆クジラ・アクション・ネットワーク Web サイト http://homepage1.nifty.com/IKAN/news/cwr20090301.pdf）
沖縄県の漁具漁法，沖縄県水産試験場，財団法人沖縄県漁業振興基金，1986（沖縄県水産海洋研究センター Web サイト http://www.pref.okinawa.jp/fish/fising_gear/index_fishing_gear.htm）
日本の小型鯨類調査・研究についての進捗報告，水産庁・水産総合研究センター，Japan Progrep. SM/2001, SM/2002, SM/2003J, SM/2004J, SM/2005J, SM/2006J, SM/2007J, SM/2008J，（水産庁 Web サイト「捕鯨の部屋」http://www.jfa.maff.go.jp/j/whale/w_document/index.html）
愛知県衛生研究所衛生化学部生活科学研究室 Web サイト内「水銀」の解説 http://www.pref.aichi.jp/eiseiken/5f/hg.html
太地町における水銀と住民の健康影響に関する調査，平成 21 年度報告書，（環境省国立水俣病総合研究センター Web サイト http://www.nimd.go.jp/kenkyu/report/20100427_taiji_report.pdf）
World Health Organisation (WHO). Environmental Health Criteria 101, Methylmercury. Geneva: WHO, 1990. (http://www.inchem.org/documents/ehc/ehc/ehc101.htm)
※ Web サイトの情報については，2010 年 6 月 14 日確認